水と命のダンス

自然界に秘められたエネルギー

生命の根源に迫る
水の驚異的メカニズム

医学博士
崎谷博征
SAKITANI, Hiroyuki

ホリスティックライブラリー出版

はじめに

水という神秘的な存在を探求する旅

本書は、“水”という、私たちの身近にありながら、その本質がまだ解き明かされていない神秘的な存在に対する探求の旅です。

人類のサイエンスの歴史の中でも、水の本質的な研究は未開拓領域（no man’s land）です。しかし、超エリート層の中では、水の神秘性については秘匿された奥義でした。

日常の中で当然のように感じている“水”が、実は生命の根幹を支え、宇宙全体に深く関与しているという事実に気づいたとき、私の中に湧きあがる驚きと感動をみなさまと共有したいと思うようになりました。

水はただの液体ではない

本書では、サイエンスの最前線から見えてきた「水の量子的な特性」と呼ばれるものや、エネルギーを運び、記憶し、私たちに意識をもたらし、生命を支える不思議な力について、できるだけわかりやすくお伝えすることを目指しました。

水がただの液体ではなく、生命のあらゆる側面において重要な役割を果たしているのを知ることは、私たちが日々の生活を“どう捉えるか”に新たな視点をもたらすことでしょう。

水の持つ力とその奥深さに魅了されるこの旅へいざ、出発！

なぜ水はこれほどまでに特別で、どのようにして私たちの存在を支えているのか……。

この問いに対する答えを求め、私はみなさまと一緒に、水の本質に迫る旅に出たいと考えています。水の持つ力とその奥深さに魅了されるこの旅が、みなさまの体内に存在する質の高い“水”に“共鳴”をもたらすことを願っております。

崎谷博征

Contents

Chapter2　水は“記憶”する

Chapter3　水の驚くべきパワー（構造水・CD 水）

Chapter4　構造（CD）水の実際の応用

Chapter5　構造（CD）水で自然および心身が回復する

Chapter1

眠れなくなるほど面白い〝水〟の神秘

Chapter1

01 なぜ砂漠は寒暖差が激しいのか？

私は、10年前にサハラ砂漠でテントを張って泊まった経験があります。砂漠は、日中は灼熱地獄ですが、夜間は冬山のように冷え込むことを実体験しました。なぜ砂漠はこのように昼と夜で極端に寒暖差が激しいのでしょうか？

その謎は、“水”にあります。

日本のように水が豊かな土壌や森林では、水が日中の太陽エネルギー放射を吸収し、夜間の涼しいときにゆっくりと熱を放出します。

砂漠の土壌は水が含まれていません。したがって、日中の太陽放射エネルギーを吸収することができず反射するため、砂漠の上に立つと灼熱になります。そして夜間になると、熱をゆっくり放散することがないので（すでに日中の太陽放射エネルギーは反射してなくなっている）、冷え込むのです。

水は、太陽放射エネルギー、特に赤外線領域の熱を吸収できる特性があります。日本でも夏の暑い日の夕方に、道路に水を撒くと涼しくなるということは経験的に知られています。これは、水が道路の熱を吸収して、気化（蒸気）するからです。ちなみに、道路に氷を撒いても、涼しくなります。氷が溶けて液体の水になるときも、周囲の熱を吸収することができるからです。

赤道付近から発生する暖流は、水（海水）が蒸発（ジェット気流になる）するときに熱を周囲から吸収・貯蔵し、亜熱帯地域へと循環する海流です。

水がゆっくり熱を放出する性質を「比熱が大きい」という表現を使います。比熱（Specific Heat）とは、物質の温度を1度上昇させるために必要なエネルギー量を示す物理量です。比熱が高い物質は、温度を変化させるために多くのエネルギーが必要です。比熱が大きいと、熱を放出するための時間がかかります。**水はこの比熱が大きいので、暖まりにくく、冷めにくい**のです。天ぷら油と比べるとその違いは一目瞭然です。天ぷら油は水よりすぐに暖まり、急速に冷めます。

液体の水はその比熱が高いため、多くのエネルギーを蓄える性質を持っています。水は水蒸気や氷に比べて比熱が倍以上あります。比熱と同じ概念である熱容量（Heat Capacity：比熱×質量）で見ると、水は体温に近い35℃で最小値をとります[001]。私たちの命の脈のひとつである循環血液は、水が主成分です。**体温付近で最も少ないエネルギーで温度調整が行われるため、体温の調整において負担が少なくなります**。

Chapter1

02 水の特性は水素結合にあり！

水分子同士は水素結合でつながっているため、液体の水やほかの単純な液体よりも凝集力が強くなる傾向があります。そのため、氷を融かすには、単純な液体の固体を融かすために必要な温度よりも高い温度が必要です。また、液体の水を沸騰させるには、ほかの単純な液体を沸騰させるために必要な温度よりも高い温度が必要になります。

水はその水素結合のために、融点、沸点、蒸発熱が高くなっているのです。

◻ 氷が水に浮く理由

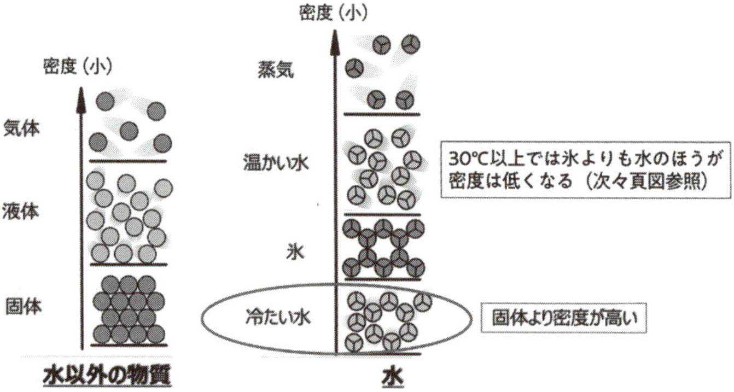

ほとんどの物質では、固体は密でより高密度なため、液体の底に沈みます。しかし、水の場合、氷（固体）は水（液体）

に浮きます。これは、冷たい水が水素結合によって支配されているため固体が液体よりも密度が低くなるからです。

□ 氷が水に浮く理由

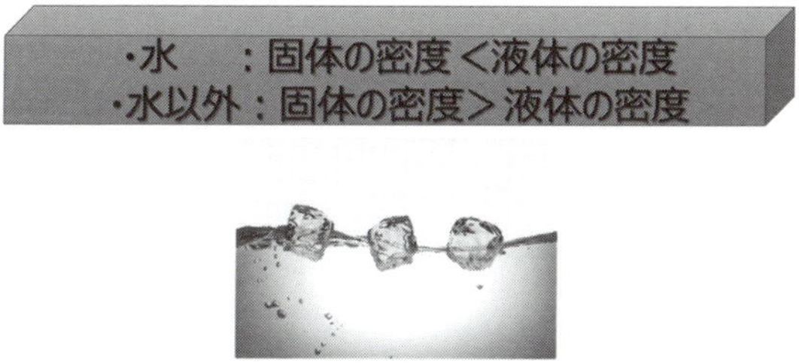

・水　　：固体の密度＜液体の密度
・水以外：固体の密度＞液体の密度

水素結合には方向性があり、水分子はアンテナ構造をしているため、固体になると整列し、隙間だらけになる（固体の密度が低下する）

□ 水は液体より固体のほうが密度が減少

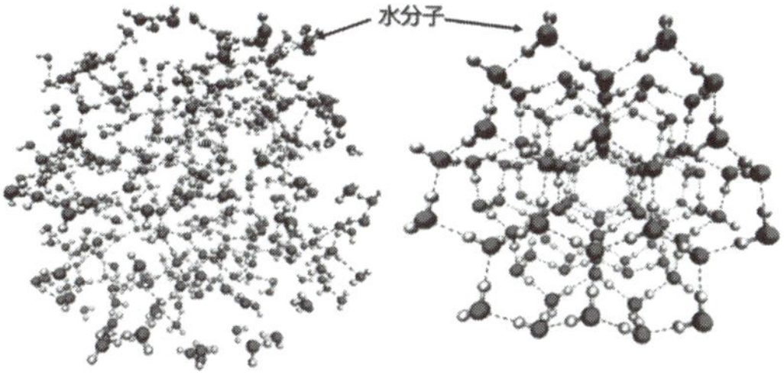

液体の水　　氷（固体の水）

水（バルク水）が液体のときには水分子は自由に動くことができるため、隙間が少なくなり、密度が大きくなる。一方、氷（固体）になると密度減少

水は、大気圧（1気圧）のもとで、4℃で密度が最大になります[002]。4℃以下で固体の氷に近づくにつれ、水素結合が整列した形になって密度は減少します。一方、4℃

以上でも温度依存性に水分子間の水素結合が切断されていくことで、同じく密度が減少していきます。

□ 水の温度と密度の関係

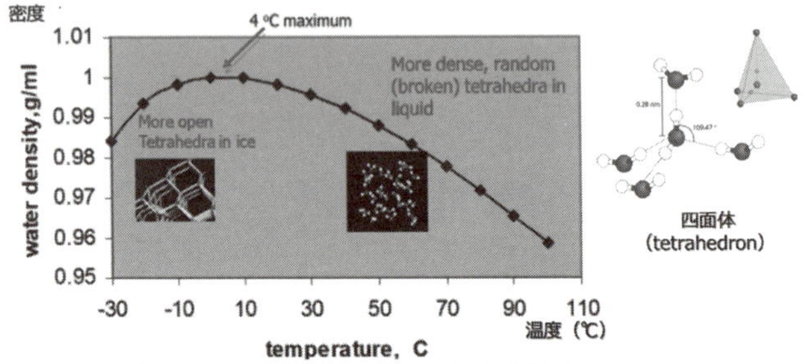

水は大気圧（1気圧）では、3.98°Cで密度が最大になる

Water structure, properties and some applications – A review. Chemical Thermodynamics and Thermal Analysis 6 (2022) 100053.

そのほか、水は水素結合があることによって、ほかの液体より圧縮しにくい特性を持ちます [003]。

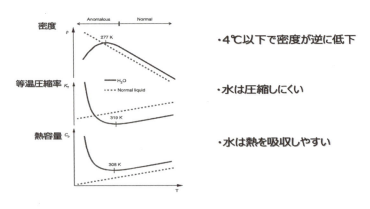

□ 水の特性のまとめ

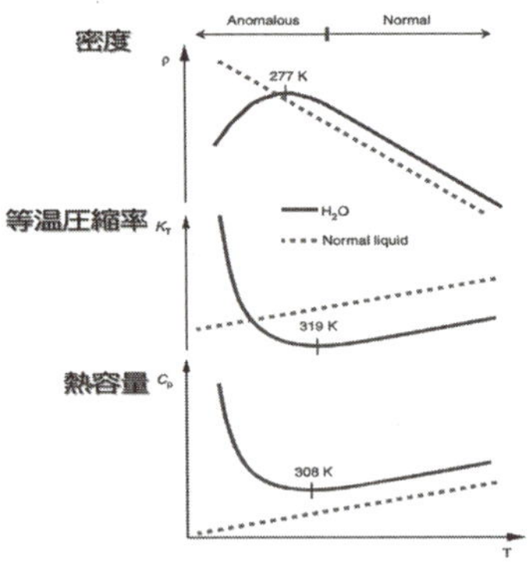

・4℃以下で密度が逆に低下

・水は圧縮しにくい

・水は熱を吸収しやすい

魚が凍った池や湖でも生きていける理由

03

一般的に物質の液体に圧力をかけると粘性が高まり、固体になっていきます。ところが、水は室温以下では圧力が強くなるにつれ、むしろ粘性が低下していきます[004]。

□ 水の粘性は、室温以下では圧力が強くなるにつれ低下する

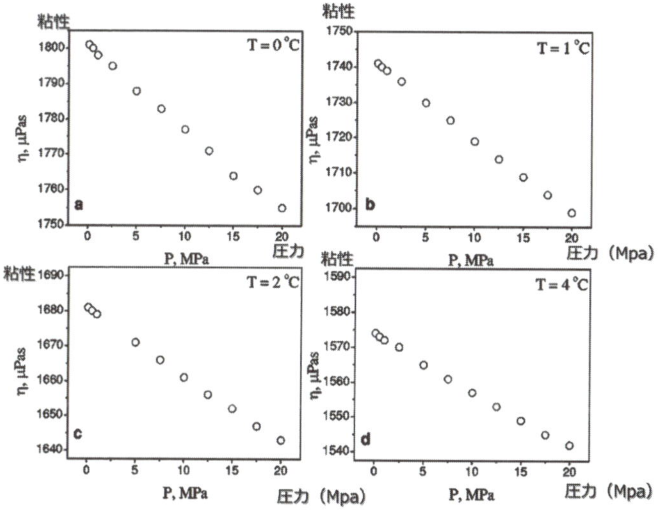

Pressure dependence of viscosity. J Chem Phys. 2005 Feb 15;122(7):074511.

また、水は固体（氷）に圧力をかけると液体になっていきます。これは、圧力によって整列した水分子間の水素結合が切断されるからです。

□ 水の特性（水素結合）

通常の物質では、液体に圧力をかけると固体になるが、水は逆に固体に圧力をかけると液体になる

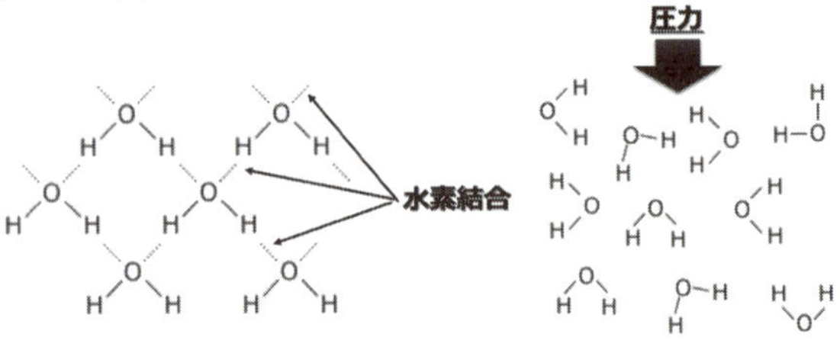

圧力をかけると水素結合が切断される

冬の湖や池の表面は厚い氷で覆われます。その**氷の下は、大気の圧力が高くなっていくため、湖や池の底に近づくほど、粘性が低くなり、液体になっていきます**。冬の凍った湖や池で魚が凍らずに生きていけるのは、その媒体が水だからです。ほかの物質が媒体だと、魚は湖や池の底で凍って死んでしまうでしょう。

□ 魚が凍った池や湖でも生きていける理由

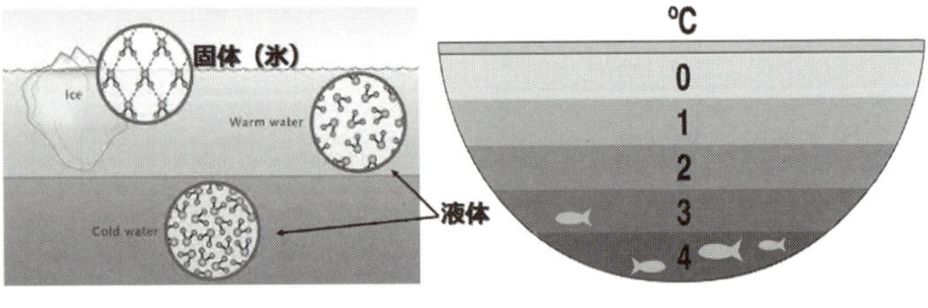

水は、氷の下では圧力とともに液体化する

04 体外受精が成功するようになった理由

不妊治療（生殖補助医療技術、Assisted Reproductive Technology：ART）の**体外受精で最も大切なのは、体外に取り出した未受精卵子や受精卵を生きたまま保存すること**です。その保存方法として、未受精卵子や受精卵を凍結することが行われていましたが、卵細胞内の液体が凍って結晶化し、細胞が死滅することが問題でした。

1985年に「ガラス化保存法（vitrification）」が開発されました。これは、液体から超急速に温度を下げると結晶をつくらずガラス状の固体となり、細胞が死滅しなくてすみます。具体的には、胚や卵子の細胞内液を凍結保護剤に置き換え、すぐに液体窒素内で凍らせることで細胞内に水晶をつくらずにガラス化温度まで細胞内温度を下げることができます。

ガラスは結晶とは異なり、無定形（アモルファス）です。液体の粘度が高い場合には冷却が速いと再配列（結晶化）に十分な時間がなく、液体に似たランダムな構造をとります。これが「**ガラス化現象**」です。ちなみに**私たちの細胞内の水は、整列してガラス（液晶）状になっています**。**細胞内の水は、ガラス水（glassy water）と呼ばれています**[005][006]。

細胞内の水を結晶化させないために使用される物質は、いわゆる不凍液（凍結防止剤）と呼ばれているものです。不凍液には、グリセロール、エチレングリコール、DMSO（dimethyl sulfoxide）などがあります。これらの物質は、水素結合を切断することで、整列して結晶化した氷（固体）を無定形のガラス状（液晶）にします[007]。

水が100m以上も高い木を上昇するしくみ 05

アメリカ西部に生育するセコイアの木（Sequoia）は、100m以上に成長する巨大な針葉樹です。そのセコイアも根から吸収した水を重力（正確には、"力"ではなく、誘電場への"加速"現象）に逆らって、100m以上も水を汲みあげています。これまで、**この水を汲みあげるメカニズムについて、葉からの水分蒸散に伴う負圧（陰圧）によるものとされてきました**[008][009]。これを「**コヒージョン－テンション理論**（Cohesion-Tension Theory）」と呼びます。この理論は、以下の3つの主要な概念に基づいています。

❶蒸散（Transpiration）：植物の葉での水の蒸発により、葉の水のポテンシャル（自由エネルギー）が低下します。この低下が、根から葉に向かって水を引っ張る力を生み出します。

❷凝集力（Cohesion）：水分子は互いに水素結合によって強く引きつけあう性質があり、これが"凝集力"として知られています。これにより、水は連続した柱状の形で木部（木の中の水を運ぶ組織）を通って上昇します。

❸引きあげ力（Tension）：蒸散によって葉で引き起こされる負の圧力（テンション）は、水が根から葉まで一貫して引きあげられる原因となります。この負の圧力は、水が負の圧力（テンション）の下で安定状態を維持できる

ため可能です。

この理論により、植物は重力に逆らって、非常に高い位置にある葉まで水を運ぶことができるとされてきました。このコヒージョン－テンション（C-T）理論は、1893年に提唱され、植物、とりわけ高木における水の上昇が、葉の蒸散によって生じる負の圧力、すなわち張力によってのみ駆動されるとしています。この理論によれば、葉から水が蒸発することで木部導管（根から葉まで伸びる水輸送の通路）にある連続した水柱が引っ張られ、木の頂上まで水が運ばれるというものです[010]。

□ 植物が根から上方へ水を汲みあげるしくみ（コヒージョン - テンション（C-T）理論）

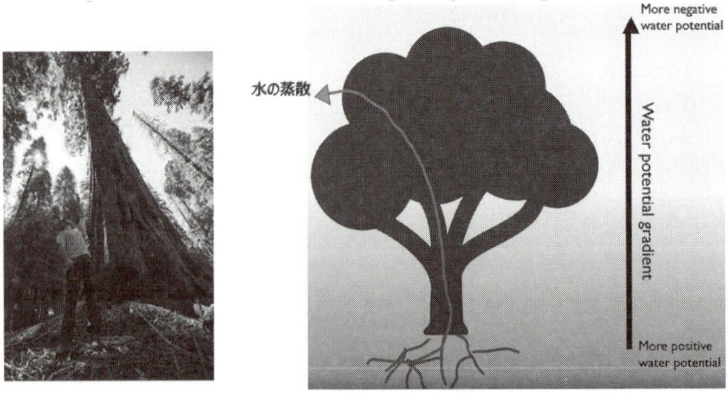

葉からの水の蒸散によって、水の導管の上部が陰圧となり、水が重力（誘電場に向かう求心性加速）に逆らって上昇する

ところが、1925年に行われた実験で、導管の水は平均

0.32 MPa（n=43）の穏やかな張力だったことが報告されました[011]。重力や摩擦抵抗を克服するために、数メガパスカル（MPa）に達するとされる張力にははるかにおよばない張力であるため、このエビデンスは葉の蒸散による水の汲みあげ理論と矛盾しています。

1965年には、この植物の水の汲みあげが水の特性に基づくことが示唆される内容が報告されました。マングローブの枝から水を絞り出すために必要とした圧力は、プラズマ膜による逆浸透（つまり、超ろ過）ではなく、木部の水に含まれるゲル状の物質によるもので、**木部に含まれるペクチン状の粘液が高塩分条件下での水の汲みあげに寄与**していました[012][013][014][015]。

水が植物の管の内壁に付着する作用は、主に“凝集力”と“付着力”によって説明されます。凝集力は水分子同士が水素結合で引きあう力を指します。水は、同等のサイズと形状の分子からなる物質よりも凝集力が強く、水分子はお互いに比較的強く結びついています。このため、水（H_2O）は表面張力（次頁Point）、融点、沸点が比較的高い値を示します。アメンボが池の水の上をすいすいと歩けるのは、水の表面張力が高いことが理由です。

付着力は水分子と植物の細胞壁（特に木部導管内の管壁）との間の結合力です。**植物などの親水性の生体分子に強く結合する性質を持つ水を結合水、構造水、境界水やEZ水などと呼びます**。これらの力の相互作用により、重力に逆らって水が根から葉まで移動することができます。

Point

表面張力とは？

液体と気体の境界（表面）において、液体分子同士がより引きつけあって、液体が表面をできるだけ小さくしようとする性質。水は水素結合によって凝集する特性があるために、水面と大気との“界面”を見ると、常に内部（水側）に引き込まれている。この結果、表面を縮めるような張力が働いているように見える。これを“表面張力（厳密には界面張力）”と呼ぶ。

◻ 水の特性：凝集（Cohesion）

水は極性と水素結合によって、
連結・凝集する

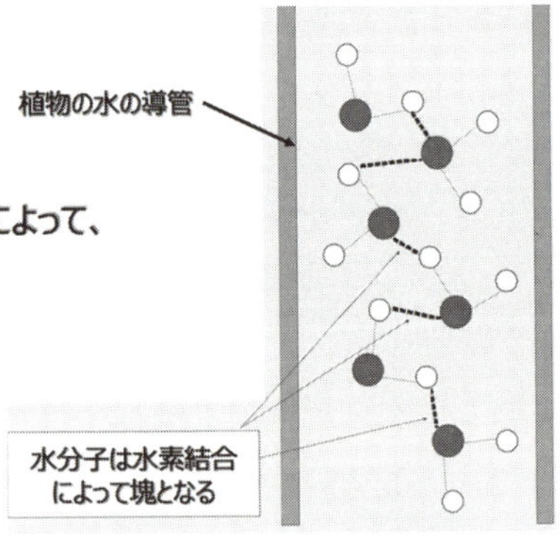

凝集現象

◻ 水の特性：接着（Adhesion）

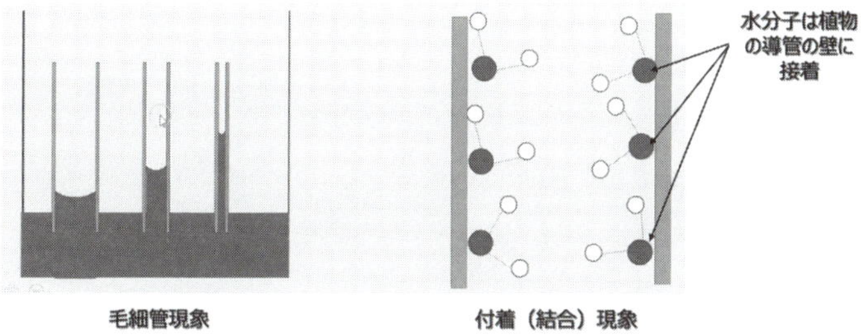

**水は、植物の導管組織（親水性）に接着する（EZ化）。
水の凝集・接着という特性は毛細管現象をもたらす**

みなさんは、「**毛細管現象（キャピラリー現象）**」という言葉をお聞きになったことがあると思います。コップに水を入れて細いストローを立てると、水がストローの中で少し上昇することがあります。これは毛管現象によるもので、**ストローの内側の壁と水分子の間に付着力が働くため、水が上昇**します。また、水の表面張力もこの現象に関わっており、これが液体の上昇を促進します。

「毛細管現象（キャピラリー現象）」は、水分子同士の引力である“凝集力”と、水分子と固体表面との間の引力である“付着力”の相互作用によって起こります。具体的には、**水が細い管に接触すると、付着力が水を管の壁に引き寄せます**。**同時に、水分子同士は凝集力で互いに引き寄せあっているため、水全体が管の中で上昇します**。毛細管現象は、水の特性がもたらすものであり、まさに100m以上の高さになるセコイアが根から水を高く吸いあげる際に重要な役割を果たします。

06 水の橋（floating water bridge）現象

純水に高電圧を印加する際に、2つのビーカーの間に数ミリメートルの直径を持つ安定した糸状の構造が形成されることが目に見える効果として知られています。この水は、数ミリメートルを超える伸縮性を持ち、複雑な双方向の移動循環パターンを示します。この現象は、「**浮遊水ブリッジ**（floating water bridge）」として知られています。水ブリッジ現象の発見は19世紀にさかのぼり、1893年にウィリアム・アームストロングがはじめてこの発見を公表しました[016][017]。この水ブリッジ現象は、毛細管現象だけでは説明がつきません。

□ 水の橋（floating water bridge）現象

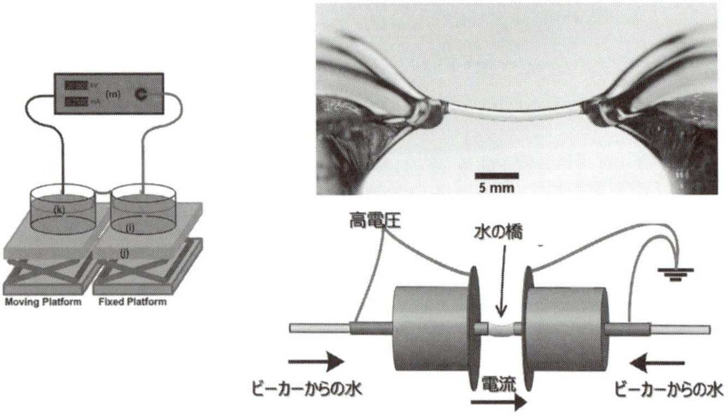

The Preparation of Electrohydrodynamic Bridges from Polar Dielectric Liquids. J. Vis. Exp. (91), e51819, doi:10.3791/51819 (2014).
Building water bridges in air: Electrohydrodynamics of the Floating Water Bridge. Annu. Rev. Fluid Mech., 1:111, 1969.

液体が固体表面に接触している場合、外部電場をかけることによって液体は固体表面に広がりやすくなります。電場が増加するにつれて、液体は表面張力が低下して薄く広がります。この現象を「**エレクトロウェッティング**（Electrowetting）」と呼びます。また、電場が液体内部の流体循環運動を引き起こす現象であり、「**スモト効果**（Sumoto Effect）」と呼ばれています。水の橋現象は、この2つの現象が基本になっています[018]。

水に電圧をかけることで、水素結合が再編成されて構造化します[019]。その結果、水分子の整列が強化され、誘電率（蓄電率）が上昇します[020]。「**誘電率**（dielectric constant、dielectric susceptibility）」とは、プラスとマイナスに分極（電位差）するしやすさの指標です。誘電率が大きいほどエネルギー（チャージ：charge）を溜めることができます。このように**水が構造化すると、水の表面張力が減少（＝エレクトロウェッティング：electrowetting）し、粘性がアップします**[021][022]。この水の変化によって、重力（正確には、下方への加速）に逆らって水の橋ができるのです。

この水の橋を調べると、水素イオン（プロトン）の移動速度がアップしています[023]。**水の橋現象では、“質”の変化（EZ化）した水が形成されている**ことがわかります。

水のような誘電体（プラスとマイナスに分極しやすい）の表面に電圧をかけると、誘電体がその表面上で引力を受けて変形する現象を一般に「**ペラット効果**（Pellat effect）」と呼んでいます[024]。特に電圧が誘電率の高い液体の表面に作用するときに顕著であり、液体が高電圧の影響で上向きに引っ張られることが観察されます。このため、重力に逆らって液体が持ちあがるなど、通常の物理的挙動では説明できない現象が発生します。水以外にも誘電率の高いアセトンやアルコール類（メタノール、プロパノール）でも安定して水の橋ができます[025]。

ケルヴィン卿の水滴誘電現象はなぜ起こる？

07

ケルヴィン（Kelvin）卿の水滴実験では、2つの金属リングや金属容器がそれぞれ異なるバケツに接続され、その上にはノズルから水が滴り落ちるしくみになっています。

ケルヴィン卿の水滴誘電

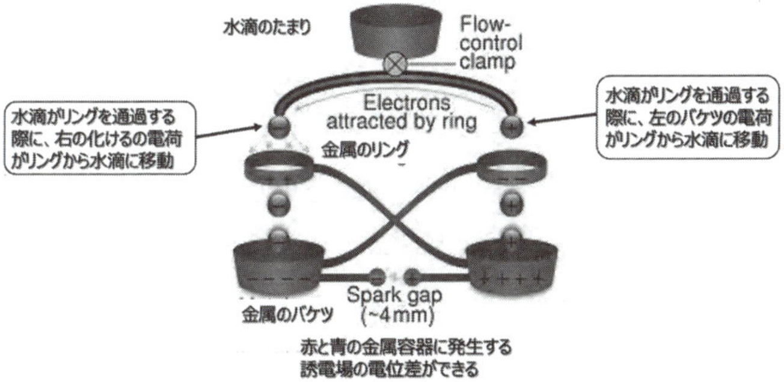

左右の水滴の入った金属の電荷数（電位）の違いによって、電流が発生

各リングは、それに対応する反対側のバケツに接続されています。ここで重要な要素は、リングに水が通ると、電荷がそのリングに蓄積されるという点です。

帯電した物体が中性（この実験の場合は水）の物体に近づくと、中性物体内の電荷が移動し、電荷が再配置されます。たとえば、電荷に帯電した物体が中性の物体に近づくと、物体の電荷は中性物体内の電荷を反発し、帯電物体に近い部分は電荷がない状態になります。これにより、帯電した物体から電荷が中性の物体に移動します。**水やガラス（そのほか、セラミックスやプラスチックポリマーなど）のように電荷の偏りがないものが、外部の影響で電荷の偏り（再配置）が起こることを「誘電分極（induced polarization）」といいます**。

帯電した風船がガラス窓に引き寄せられる現象がこれによって説明されます。この場合、ガラスが水と同じ誘電体です。誘電体とは、外部の影響で、その内部で電荷の偏り（再配置）が起こる性質を持つものです。表現として不正確ですが、水やガラスのような誘電率の高い誘電体には、電荷を持った物質から電荷が移動するとイメージするとよいでしょう（正確には、電荷が誘電体へと求心性に加速する）。

水滴実験のはじまりには、システムのどこかに微弱な電荷の不均衡が存在しています。たとえば、ひとつのバケツの電極に電荷が蓄積し、もうひとつのバケツの電極に電荷が相対的に不足している状態です。この電荷の不均衡は、水がリングを通過する際に大きく増幅されます。水滴がノズルから落ちる際、その水滴はリングに近づくと、そのリングに存在する微弱な電荷によって帯電します（リングの電荷が水滴に引き寄せられる）。その結果、その帯電した水滴が落ちる金属バケツの電極に電荷が移動します。そのバケツと連結したリングは、バケツに蓄積された電荷と同じ量の電荷を持つようになります。次にそのリングを通過する水滴に、さらに同量の電荷が移動します。このサイクルが繰り返されることで、左右の電荷の数の差ができます。

左右の電荷の数に差が出るプロセスを具体的な数字を出して見ていきましょう。最初のリングを通過する水滴に2個の電荷が加わったとします。そうすると、その2個の電荷の水滴が落ちた左のバケツの電極にも2個の電荷が移動します。今度はこのバケツに繋がっているリングには2個の電荷があるので、そのリングを通過した水滴も2個の電荷が加わり、落下する右のバケツの電極にも2個の電荷が移動します。

次にそのバケツに連結しているリングを通過する水滴に、2個の電荷が加わるので、落下する左バケツの電極には2＋2＝4個の電荷が移動することになります。さらにそのバケツに連結しているリングを通過する水滴には4個の電荷が加わるので、2＋4＝6個の電荷が右バケツの電極に移動することになります。この過程で、次は左のバケツの電極に4＋6＝10個の電荷が蓄積。右のバケツの電極には、6＋10＝16個の電荷が蓄積します。これを繰り返していくうちに、左右の電荷数が開いていきます(右のバケツの電極に移動する電荷が相対的に増加)。

この**左右の電荷の差は、電圧となり、電圧の高いほう（電荷の多いほう）から低いほう（電荷の少ないほう）へと電流が流れる**のです[026][027]。

これは、水の誘電率が高いという特性で起こる特殊な現象です。誘電率が高い物質は、外部の影響で電荷に偏り(再配列)が生じる現象を引き起こします。**電荷の偏りを「極性」と呼ぶこともあります**。**この誘電率が高いという水の特質も、水素結合のネットワークの豊富さからきています**[028]。

水の誘電率は、温度が低下するほど高くなります[029]。

□ 温度が低下するほど誘電率が高くなる

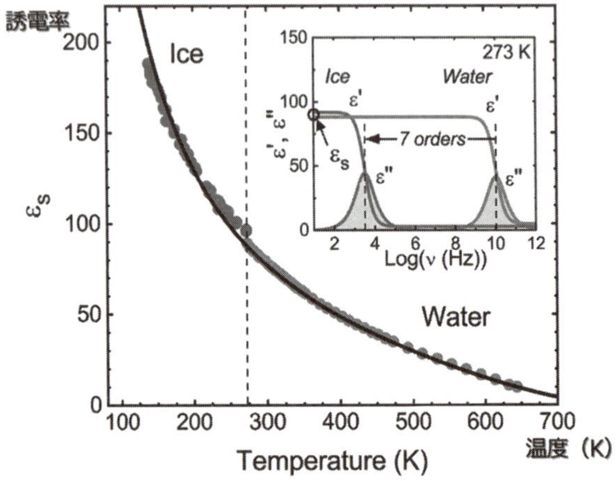

A unified mechanism for ice and water electrical conductivity from direct current to terahertz, Physical Chemistry Chemical Physics, 21 (2019) 8067-8072.

ちなみに、現代のサイエンスでは、プラスの電荷とマイナスの電荷があるとしています。これは、根本的な間違いです。**電荷（charge）にプラスもマイナスもありません。電荷は蓄積（charge）するか、放電（discharge）するかしかありません**。

誘電率は、前述したとおり、電荷の再配置がどれだけ生じるかを表す物理量です。「**比誘電率**（relative permittivity：dielectric constant）」は、その物質の誘電率を真空の誘電率で割った値です（真空の比誘電率は1）。一般のバルクの水（構造化されていない水）の比誘電率は、常温（約20～25℃）で約80と、ほかの物質と比較しても高い値です。温度が上がると比誘電率は低下する傾向があります。一方、**構造化された水の比誘電率は、160とバルクの水の倍になります**[030]。

□ さまざまな物質の比誘電率

	比誘電率		比誘電率
水（バルク）	80	アセトン	20.9
空気	1	メタノール	33.6
氷	3.4	エチレングリコール	38.7
土（乾いた砂）	4-6	テフロン	2.1
石灰石（limestone）	4-8	シリコン	3.2-4.7
雲母（mica）	6.4	ナイロン	3.4-22.4
水晶（quartz）	4.5	エポキシレジン	3.4-3.7
かんらん石（olivine）	7.2	酸化チタン	30-170
花崗岩（granite）	4-6	紙	1.5-3.0
ガラス	3.8-14.5	ゴム	2-4
木材（ドライ）	1.4-2.9	磁器（porcelain）	5-6.5

ほとんどの物質は、水のように高い比誘電率を持ちません。酸化チタンは、比誘電率は30～170とほかの物質と比べても高いですが、これは、チタンが水の水素と同じ働き（極性）を持っているからです。モンモリロナイト（montmorillonite）は、粘土鉱物の一種で、高い吸水性を持つために（比誘電率の高い水を含む）、比誘電率は210にもなります[031][032][033]。

Chapter1

08 水はなぜ究極の溶媒なのか？

「**水は万物の溶媒**」（universal solvent）といわれます。これは、水が非常に多くの物質を溶かす能力を持っているためです。**水は、塩類、酸・塩基、有機化合物など、多くの種類の物質を溶かすことができます**。生物学的に重要な分子のほとんど（例外として脂質や一部のアミノ酸を除く）を溶解させる性質により、さまざまな化学反応や生体内のプロセスにおいて、水は欠かせない溶媒として働いています。水は比誘電率が高い（絶縁作用）ため、電荷を持つ周囲のイオンや分子の間に入って、それらがお互いに引きあったり、反発したりする力を軽減させます。この効果により、イオンや極性分子は水中で安定に存在することで溶解性が高まります[034][035][036]。

また、それによって水分子がイオンや分子の周囲を囲むように配置されます。この水に囲まれた層を「**水和シェル**」といいます。この水和シェルは、生体分子の安定性や機能に寄与します。水は、このようにタンパク質などの生体分子の周囲を囲んで、その凝集を防ぐ重要な役割を持っています（Chapter4 で詳述）。水和水はタンパク質中のアミノ酸残基と水素結合を形成するだけでなく、水和層内の水分子間でも水素結合を形成します。その結果、タンパク質表面に水和水ネットワークが形成されます[037]。タンパク質の酵素活性は水和レベルの減少に伴って低下します

[038]。このように、タンパク質の酵素活性には最低限の水和が必要です。

一般に比誘電率の高い物質は、溶質分子やイオンを引きつける特性があります。生体分子の化学反応には、溶質分子やイオンなどの生体分子が集まることが必要となってきます。水の高い比誘電率によって、水分子が生体分子やイオンの周りに「**溶媒和層**（ソルベーション・シェル：solvation shell）」を形成し、反応性が向上します[039]。このため、多くの酸・塩基反応や酸化還元反応が水中でスムーズに行われることが可能です（水分子は、プロトン（水素イオン）供与体または受容体として作用する）[040]。私たちの体内でのさまざまな生体分子の化学反応には、比誘電率の高い水が必要とされる理由がここにあります。生命の起源・発生は、"水"抜きには成し遂げられなかったでしょう。

水の高い比誘電率は、水分子間の強い引力（正確には水分子の圧の低い場所への加速）を生み出し、高い表面張力をもたらします。これにより、水滴が球状を保ちやすくなります。サウナなどの高湿度の場で水滴状の汗が出るのも、水の高い比誘電率による表面張力によります。水分子間の引きあいの強さは、外からの圧縮の力の抵抗の原因にもなります（水は圧縮されにくい）。

Column

水分子間の水素結合とは？

水分子間の水素結合（H 結合）の交換（水の「ジャンプ：jump」による再編成）は、水中での生体反応を促進する重要な役割を果たします。このプロセスは、プロトンの移動や電子の伝達など、多くの生体内反応に直接関与しています [041][042]。

特にプロトン移動においては、「グロッタス機構（Grotthuss mechanism：プロトンジャンプ機構）」と呼ばれるメカニズムが知られています。この機構では、プロトンが水分子間の水素結合ネットワークを介して迅速に移動し、酸化還元反応や酵素反応などの生体内プロセスを効率的に進行させます。このようなプロトンの迅速な移動は、エネルギー伝達や信号伝達においても重要な役割を果たしています。

さらに、水分子の再配向や水素結合の動的な形成・解離は、酵素の活性部位における基質の結合や解離、反応中間体の安定化など、多くの生体反応の効率と特異性に影響を与えます。これらの動的プロセスは、反応速度や選択性を高める要因となっています [043]。

EZ（exclusion zone：排除層）水とは何か？

1960年代後半から1970年代にかけて、**細胞内の生体分子や親水性の物質に結合する溶質が通過できない水**が発見されました[044][045][046][047][048]。

□ 親水性の表面には、結合水（境界水）が形成される

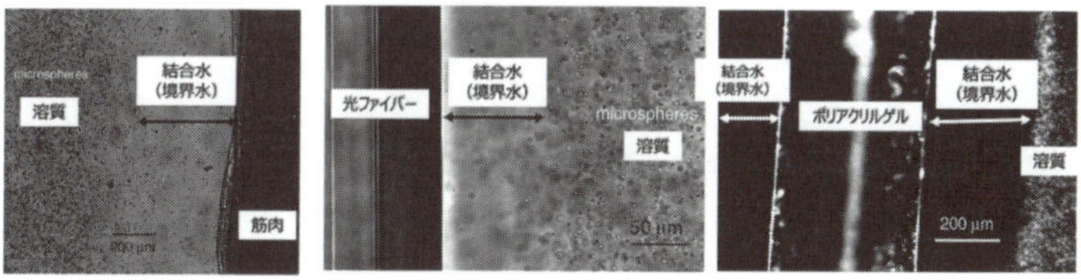

Surfaces and interfacial water: evidence that hydrophilic surfaces have long range impact. Adv Colloid Interface Sci 2006 Nov 23;127(1):19-27.

この生体分子に結合している水は、バルクの水とは異なるいくつかの物理化学的特性を持っています。これらの結合水は、周囲の水を激しくかき混ぜても安定して結合したままです[049][050][051]。また、結合水はバルクの水とは違い、構造化しており、粘性が高い特徴を持っていることが報告されました[052][053][054][055]。これらのバルクの水とは特性が異なる生体分子と結合する水は、**結合水**（bound water）、**境界水**（vicinal）、**構造水**（structured water）と呼ばれていますが、すべて同義です。

◻ 結合水（境界水）の水分子は構造化される

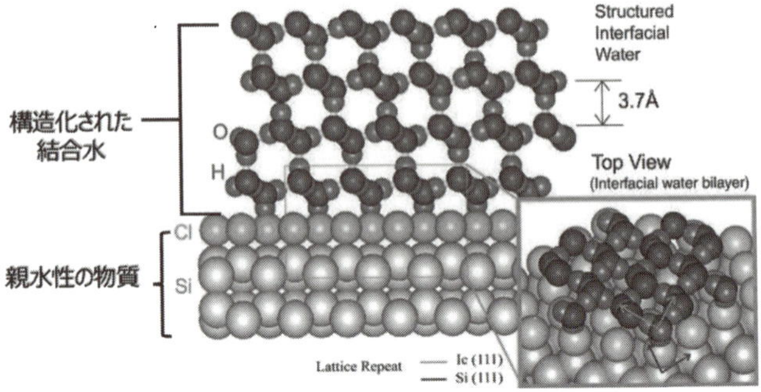

Ultrafast electron crystallography of interfacial water. Science. 2004 Apr 2;304(5667):80-4.

その後、この結合水には親水性の表面では、表面における水素結合の整列により誘電場（極性を持つ、電荷を蓄積する場）が形成され、その影響は複数層の水分子にまでおよぶことが実験的にも証明されるようになりました[056][057][058][059]。

特に、この結合水が親水性の生体分子において溶質を排除する層を形成することを実験的に繰り返し証明したのが、ジェラルド・ポラック（Gerald Pollack）博士です[060]。彼は、デュポンの開発した親水性のフッ素化合物のポリマー（スルホン化テトラフルオロエチレン）を用いて、詳細に結合水を調べ、新たにEZ（exclusion zone：排除層）水という言葉を使用しました。これは、文字どおり、溶質やプロトン（水素イオン）を排除する、親水性表面から数十～数百マイクロメートルにわたって広がる結合水の層という意味です。

□ 親水性の表面に結合するEZ（exclusion zone：排除層）水

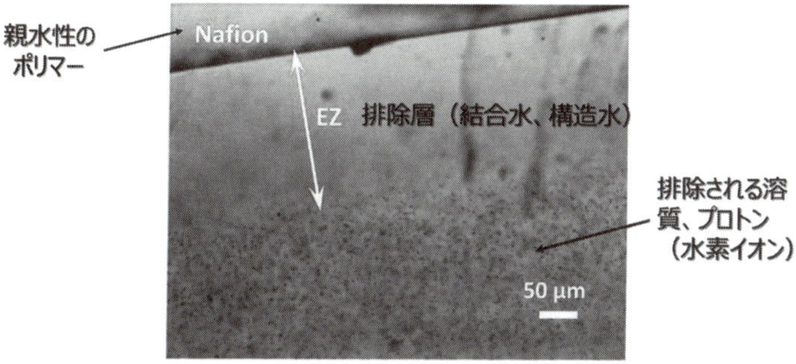

Solute-free interfacial zones in polar liquids. J Phys Chem B. 2010 Apr 29;114(16):5371-5.

このEZ水（EZ層の水）とバルクの水との間には、120～200mVの電位差があることも報告されています[61]62[63]。これは、EZ層の水にエネルギー（電荷）がチャージされていることを示しています。実際に、**EZ水は、通常のバルクの水と比較して蓄電の指標である誘電率がアップします**[064]。

ちなみに、誘電率の高い（＝エネルギー（電荷）を蓄積できる）液体であれば、水と同じように親水性の表面との境界にEZ層を形成します。ただし、水はほかの液体よりも誘電率が高いためにEZ層の形成が大きいです。

◻ 水のほかにも、誘電率の高い溶媒はEZ層を形成する

溶媒	水	重水素水	メタノール	エタノール	酢酸	イソプロパノール	DMSO
EZ層のサイズ(um)	220±17.8	200±20.3	102 ±8.5	38±2.1	30±4.8	51±3.5	47±6.7

Solute-free interfacial zones in polar liquids. J Phys Chem B. 2010 Apr 29;114(16):5371-5.
Exclusion zone and heterogeneous water structure at ambient temperature. PLoS One. 2018 Apr 18;13(4):e0195057.

このEZの層は、可視光線領域では青（紫）～赤に波長が長くなるにしたがって拡大していきます。特に太陽光の赤外線領域で拡大します[065]。

◻ EZ（排除層）は、光のエネルギーで拡大する

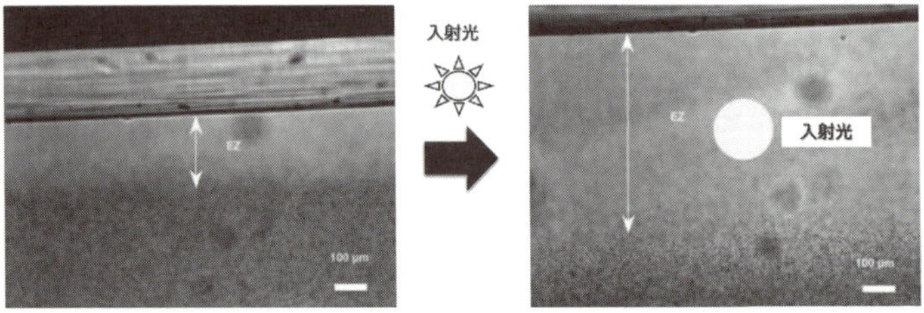

Effect of Radiant Energy on Near-Surface Water. J Phys Chem B. 2009 Oct 22;113(42):13953-13958.

□ 可視光線領域のスペクトラム

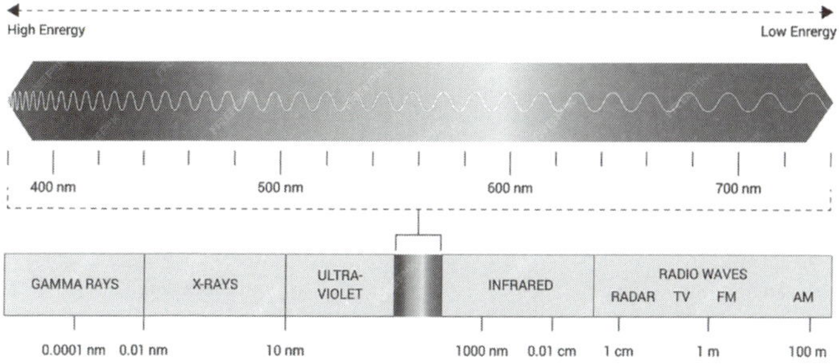

□ EZ（exclusion zone：排除層）の光エネルギーによる拡大

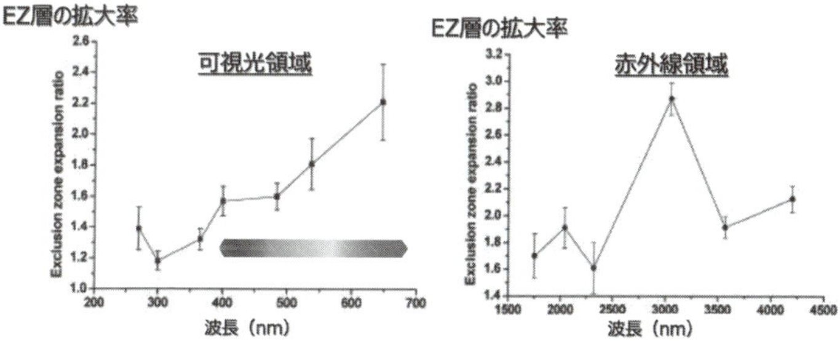

可視光領域では、青～赤色になるにしたがってEZ層が拡大。
中赤外線領域（3,000nm前後）で最大のEZ層の拡大率を持つ

Effect of Radiant Energy on Near-Surface Water. J Phys Chem B. 2009 Oct 22;113(42):13953-13958.

これは、水自体が可視光線の中では赤色のエネルギーのほうを吸収しやすいという特性に基づいています。**水が青く見えるのも、青色の波長の吸収率が低いことによります。**

□ 水は青〜紫の領域のエネルギーの吸収が最も低い

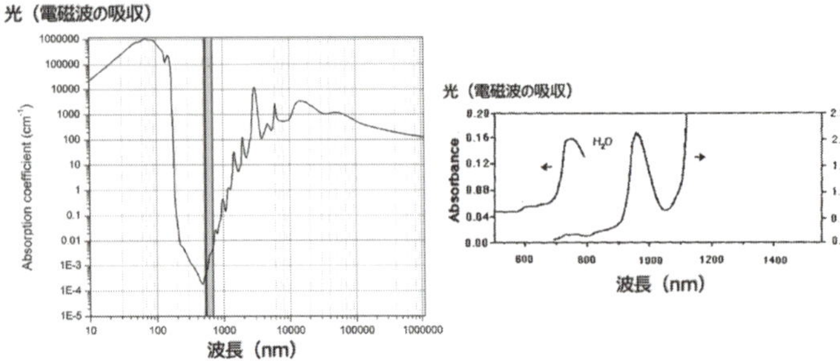

水の特質として、可視光線領域では波長の短い紫〜青の領域の方が吸率が低い

Aquaphotomics-From Innovative Knowledge to Integrative Platform in Science and Technology. Molecules. 2019 Jul 28;24(15):2742.
Why is water blue? J. Chem. Educ. 1993, 70, 8, 612

このように、EZ 領域では、太陽光のエネルギーを吸収して拡大できる性質があります。つまり、**EZ 水は光のエネルギーを蓄電する性質がある**ということです。

EZ（exclusion zone：排除層）現象の正体は？ 10

一般に、“運動”や“力”といったものは、誘電場から放出される磁場の作用によります（拙著「エーテル医学への招待」秀和システム刊）。**磁場とは、誘電場がエネルギーを失った形態**です。磁場は誘電場から、S字カーブを描いて、ボルテックス（渦流）構造をつくって遠心性に拡大していきます。これを上から平面図で見ると、同心円状に拡大した図になります。

■ 磁場の平面図

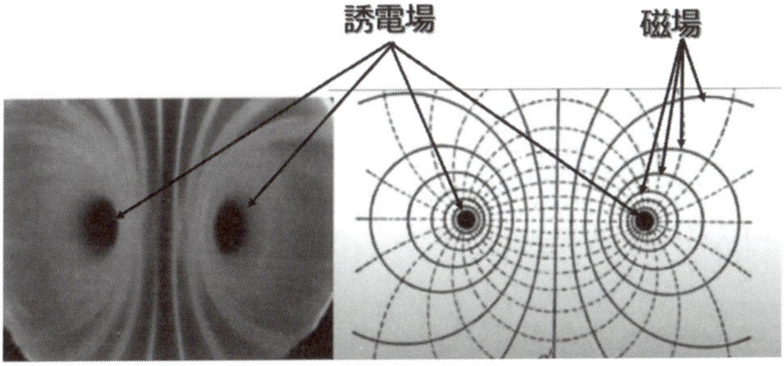

磁場は誘電場からS字カーブを描いてボルテックス（渦流）構造を形成して遠心性に拡大。平面図では同心円状を描く

水のEZ層では、イオンやコロイド、バクテリアなどのマイクロ粒子はバルクの水のほうに排除されます[066][067][068][069]。この現象は、磁石の境界に形成されるEZ水にも認め

られます。磁石のS極およびN極のいずれにもEZ層が形成されます。その**EZ層の幅は、N極のほうがS極より大きくなります**[070]。

磁石のS極、N極の境界面に形成されるEZ層

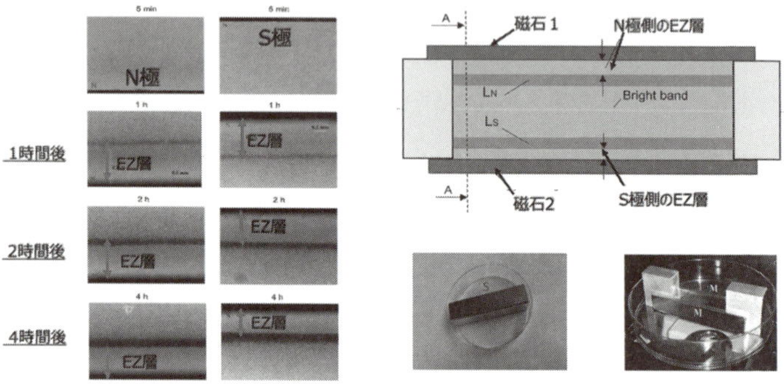

Magnetic fields induce exclusion zones in water. PLoS One. 2022; 17(5): e0268747.

この実験で興味深いことは、水中に混在させたミクロン単位の粒径の高分子微粒子（マイクロスフェア）の動きです。この微粒子も磁石のS極およびN極のいずれにも形成されたEZ層から排除されます。そして、排除された外部で同心円状に運動している様子が観察されたのです。これは、まさに磁場の運動を可視化したものにほかなりません。つまり、**EZ層というのは誘電場であり、そこから発生した磁場の力（遠心力）によって、微粒子が排除される**のです。エーテル統一理論で見れば、EZ層というのは、エネルギーを蓄積する誘電場であることが明確に理解できます。

Column

磁石のS極とN極が生命体へおよぼす影響

磁石のS極、N極では、生命体におよぼす影響が異なります。植物の実験では、S極に暴露した場合、発芽・成長が速くなり、茎・葉・根が太くしっかりした構造になります。一方のN極に暴露した場合は、発芽・成長が遅くなり、茎・葉・根が薄い構造になります[071][072]。ガン細胞の実験では、N極に暴露させると、ガン細胞が減少することが認められています[073]。N極のEZ層は、S極より大きくなりますが、これはN極のほうが誘電場が大きいことを意味します。磁石は誘電場が大きいほど磁力が強いのですが、磁場は弱くなります。つまり、N極の磁場はS極より小さくなります。S極のほうがより大きい磁場、つまり、より力と運動を与えるので、植物やガン細胞がより成長しやすくなります。磁石のこの性質を用いて、病気の治療や作物の栽培に役立てることができるのです。

Chapter2

水は〝記憶〟する

Chapter2

01 臓器移植で人格が変わる？

現代サイエンスでは、長年、記憶は脳のある特定の部位でストックされているという仮説を喧伝（けんでん）してきました。みなさんも、記憶といえば脳とダイレクトにリンクしているのではないでしょうか？

しかし、それでは説明できない現象がたくさん出てきたため、この仮説に疑問符がついています。

みなさんは、心臓移植をすると、移植された人の性格が変わるという興味深い事実をご存知でしょうか？

心臓移植された人は、臓器を提供された人の性格に似るようになるのです。それだけではありません。**食べものなどの趣向、感情や記憶までもが、臓器提供をした人のものに変わってしまう**のですから驚きです[074][075]。

実際の臨床例を挙げてみましょう。

29歳の女性が19歳のベジタリアンの心臓を提供された事例。もともとこの29歳の女性の主食は、マクドナルドというくらいにジャンキーだったのですが、移植後は肉を一切受けつけなくなったそうです。

もうひとつ事例を挙げましょう。心臓移植を受けた48歳の女性。移植手術後、無性にチキンナゲットを食べたくなりました。移植前には、絶対食べなかった（嫌いであった）ものです。その後、移植してもらった人の家族と会い、なんと心臓を提供してくれた人の好物がチキンナゲットだったことが判明しました[076]。

音楽の好みも、移植されたもとの人が好きだった音楽に、移植後は惹かれるようになります。感情や気分といったものも、臓器提供した人のものに変化します。たとえば、心臓を提供してくれた人が物静かな性格であったケースでは、移植後に物静かになったという症例が報告されています[077]。

芸術や色に対する嗜好の変化や嫌悪の変化が、移植後に認められています。たとえば、風景画家の心臓移植患者は芸術に興味を抱くようになり、ダンサーの心臓移植患者は寒色系の色を好むようになったという変化が報告されています[077][078]。

心臓移植を受けた患者は、主に2つのタイプの感情の変化を報告しています。まず、ドナーから受け継いだと考えられる特定の感情を感じる人もいます。たとえば、9歳の少年は、悲しみと恐怖を3歳のドナーから感じたと説明しました。そのドナーは悲劇的な溺死を遂げていました。少年の母親は、ドナーの波乱に満ちた家庭生活について詳しく説明し、ドナーの経験と患者が感じた感情との関連性が示唆されました[080][081][082]。

さらにドナーの記憶やアイデンティティがレシピエント（臓器移植や骨髄移植などの移植手術において、臓器や組織を受け取る人）に移った症例も報告されています[083]。これらの記憶は感覚知覚として現れ、覚醒時と睡眠時の両方に起こります。たとえば、ある患者はドナーのアイデンティティや人生経験に関する考えとともに、突然の異常な味覚を経験したと述べています。また、別の患者はドナーが交通事故で亡くなった際の衝撃に相当する触覚を感じたと述べています。また、顔を撃たれたドナーが経験した外傷を思わせる閃光や熱を被移植者が経験したという視覚情報も報告されています。ほかにも、別の被移植者は、ドナーがバイク事故で死亡した状況を反映した無謀運転の鮮明な夢を見たことを語っています。これらの証言は、ドナーの記憶や感覚を被移植者が受け継ぐという現象を示唆しています[084][085]。

現代医学では、記憶などは人間の脳に存在するものとしてきました。しかし、**心臓移植後のレシピエントが経験するドナーの記憶は、脳神経系を介在していないことは明らか**です。実際には、その生物が持っている歴史や記憶は、細胞内に刻まれています。これは、「**細胞記憶**（Cellular memory）」と呼ばれています。

細胞記憶（Cellular memory）として、最新の研究で推定されている記憶の媒体をまず列挙していきましょう[086]。

・エピジェネティクス（遺伝子のスイッチの変化）
・DNA
・RNA
・タンパク質
・エネルギー

などが想定されています。このうち、遺伝子やタンパク質などの“物質”が記憶の担い手であれば、日常的な感染や輸血などで人格や記憶が変わることになります。しかし、

実際は私たちの人格・趣向や記憶がそれらによって変化することはありません。消去法でいくと、**最後に残るのがエネルギー**です。脳と比較すると、心臓は約40～60倍の電気エネルギーと5,000倍の電磁エネルギー（正しくは誘電磁波）を生成します[087]。ヘブライ教、キリスト教、中国、ヒンズー教、イスラム教などの伝統を含むさまざまな文化において、心臓は感情、欲望、知恵の座であるとみなされることが多いことも、この心臓のエネルギーに関係しています。**移植されたドナーの心臓からの電磁波が情報そのものである**ということです。

これはラジオやテレビを考えるとわかりやすいです。電磁波は、アンテナを介してラジオやテレビの放送を可能にします。電磁波が情報を運ぶ媒体なのです。

それでは、この情報・記憶のもとになる電磁波は、心臓のどこから出てきているのでしょうか？　それを次節からゆっくりと解き明かしていきましょう。

Chapter2

02 ホメオパシー（同種療法）はインチキ療法か？

日本学術会議と呼ばれる団体の会長が、2010年にホメオパシー（同種療法）についての見解を発表しています。日本学術会議は、世界のサイエンスの頂点に立つ「英国王立協会（The Royal Society）」に倣って創立された団体です。以下にその見解をそのまま掲載いたします。

〈掲載開始〉

ホメオパシーはドイツ人医師ハーネマン（1755～1843年）がはじめたもので、レメディー（治療薬）と呼ばれる「ある種の水」を含ませた砂糖玉があらゆる病気を治療できると称するものです。近代的な医薬品や安全な外科手術が開発される以前の、民間医療や伝統医療しかなかった時代に欧米各国において「副作用がない治療法」として広がったのですが、米国では1910年のフレクスナー報告に基づいて黎明期にあった西欧医学を基本に据え、科学的な事実を重視する医療改革を行うなかで医学教育からホメオパシーを排除し、現在の質の高い医療が実現しました。

こうした過去の歴史を知ってか知らずか、最近の日本ではこれまでほとんど表に出ることがなかったホメオパシーが医療関係者の間で急速に広がり、ホメオパシー施療者養成学校までができています。このことに対しては強い戸惑いを感じざるを得ません。

その理由は「科学の無視」です。レメディーとは、植物、動物組織、鉱物などを水で100倍希釈して振盪(しんとう)する作業を10数回から30回程度繰り返してつくった水を、砂糖玉に浸み込ませたものです。希釈操作を30回繰り返した場合、もともと存在した物質の濃度は10の60乗倍希釈されることになります。こんな極端な希釈を行えば、水の中にもとの物質が含まれないことは誰もが理解できることです。「ただの水」ですから「副作用がない」ことはもちろんですが、治療効果もあるはずがありません。

物質が存在しないのに治療効果があると称することの矛盾に対しては、「水が、かつて物質が存在したという記憶を持っているため」と説明しています。当然ながらこの主張には科学的な根拠がなく、荒唐無稽としかいいようがありません。

過去には「ホメオパシーに治療効果がある」と主張する論文が出されたことがあります。しかし、その後の検証によりこれらの論文は誤りで、その効果はプラセボ（偽薬）と同じ、すなわち心理的な効果であり、治療としての有効性がないことが科学的に証明されています[088]。英国下院科学技術委員会も同様に徹底した検証の結果ホメオパシーの治療効果を否定しています[089]。

「幼児や動物にも効くのだからプラセボではない」という主張もありますが、効果を判定するのは人間であり、「効くはずだ」という先入観が判断を誤らせてプラセボ効果を生み出します。

「プラセボであっても効くのだから治療になる」とも主張されていますが、ホメオパシーに頼ることによって、確実で有効な治療を受ける機会を逸する可能性があることが大きな問題であり、時には命にかかわる事態も起こりかねません（ビタミンKの代わりにレメディーを与えられた生後2カ月の女児が昨年10月に死亡し、これを投与した助産婦を母親が提訴したことが2010年7月に報道されました)。こうした理由で、たとえプラセボとしても、医療関係者がホメオパシーを治療に使用することは認められません。

ホメオパシーは現在もヨーロッパをはじめ多くの国に広がっています。これらの国ではホメオパシーが非科学的であることを知りつつ、多くの人が信じているために、直ちにこれを医療現場から排除し、あるいは医療保険の適用を解除することが困難な状況にあります（WHOは世界の一部の国でホメオパシーが広く使用されている現実に配慮して、その治療効果 には言及せずに、安全性の問題だけについての注意喚起を行っています[090])。またホメオパシーをいったん排除した米国でも、自然回帰志向の中で再びこれを信じる人が増えているようです。

日本ではホメオパシーを信じる人はそれほど多くないのですが、今のうちに医療・歯科医療・獣医療現場からこれを排除する努力が行われなければ「自然に近い安全で有効な治療」という誤解が広がり、欧米と同様の深刻な事態に陥ることが懸念されます。そしてすべての関係者はホメオパシーのような非科学を排除して正しい科学を広める役割を果たさなくてはなりません。

最後にもう一度申しますが、ホメオパシーの治療効果は科学的に明確に否定されています。それを「効果がある」と称して治療に使用することは厳に慎むべき行為です。このことを多くの方にぜひご理解いただきたいと思います（ホメオパシーについて十分に理解したうえで、自身のために使用することは個人の自由です。）

（平成22年8月24日　日本学術会議会長　金澤一郎）

〈掲載終了〉

これが現代のサイエンスのホメオパシーに対する典型的な見解であるため、全文を掲載しました。

さて、本当にもとの物質がないレベルまで**希釈震盪**（きしゃくしんとう）した液体に、心理学的効果しかないのでしょうか？

2023年に、ホメオパシーの臨床試験（ランダム化比較試験を含む）を解析した論文が発表されました。その結果、**ホメオパシーのレメディーとプラセボの効果との間に統計学的に有意な差があることが明らかにされた**のです[091]。日本学術会議の会長の見解は、単なる“信念”や“意見”にすぎないことが明らかになりました。

Chapter2

03 情報（シグナル）は物質ではない

植物も含めた生命体は、外界の変化に対して細胞の間でコミュニケーションを取りながら連携して対応しています。この細胞間のコミュニケーション法として、今までホルモンや神経伝達物質のような化学物質あるいは脳神経のような電気によるものが主体となって研究されてきました。近年、ようやく細胞間のコミュニケーション法として、電磁波（誘電磁場）が使用されていることが示唆される研究が増えています。

まず私たちの細胞から出されているエネルギーの存在についての研究の歴史を見ていきましょう。1916年にスキーミンスキー（Scheminzký）らによって、酵母から光が発生していることが報告されました[092]。1923年に、ロシア系ユダヤ人のガーウィッチ（アレキサンダー・ギュルヴィッチ：Alexander Gurwitsch）は、玉ねぎの根の細胞を使用した興味深い実験を行っています[093]。盛んに細胞分裂している玉ねぎの根の細胞の近くに、ガラスおよび石英（水晶）の壁をつくって同じ玉ねぎの根の細胞（細胞分裂していない）を置きました。すると、水晶の壁を隔てて置かれた玉ねぎの根の細胞だけが、盛んに細胞分裂しはじめたのです。

ガラスは赤外線あるいは紫外線を通しませんが、水晶は通すため、細胞分裂を盛んに行っている細胞から、水晶を通過した赤外線あるいは紫外線のシグナルが近傍の細胞に放出されていると解釈しました。この細胞間で使用されている紫外線領域の電磁波を「**細胞分裂放射**（mitogenic radiation）」と呼んでいます。成長している植物や動物からのシグナルは、近傍の生命体の細胞分裂を30%アップさせることがわかっています[094][095]。

ガーウィッチの実験（1923）

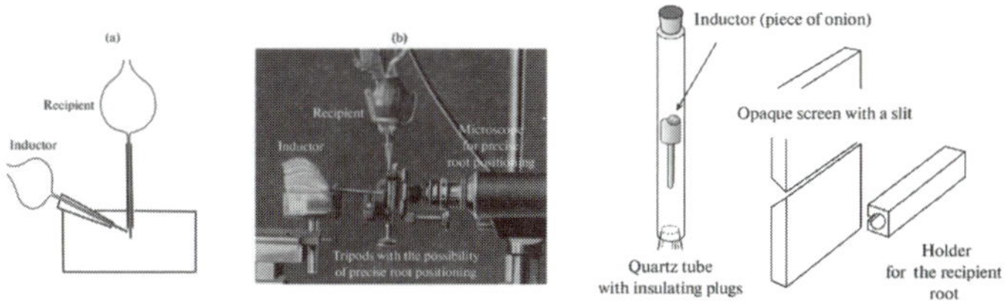

ガラスは赤外線あるいは紫外線を通さないが、水晶は通す。細胞分裂を盛んに行っている細胞から、水晶を通過した赤外線あるいは紫外線のシグナルが近傍の細胞に放出されている

Gurwitsch A. (1923). Die Natur des spezifischen Erregers der Zellteilung. Arch. Entwicklungsmechanik Organismen 100, 11–40.

ちなみに、ガーウィッチは生物学にはじめて「**場の理論**」を適応した人物です。細胞間に水晶を置いて分離し、片方の細胞に塩化水銀や一本鎖RNAといった毒性物質を作用させると、毒性物質に暴露していない細胞まで死滅することがロシアの研究論文で報告されています。これも毒性物質に暴露した細胞から発せられる赤外線や紫外線が水晶を通過して、ほかの細胞に情報が伝達したと考えられています[096][097]。

1950年代には、発芽している種子から、「**バイオフォ**

トン（biophoton）」と呼ばれる可視領域の光が放出されていることが確かめられています[098][099]。1980年までは、この細胞や生命体から放出されるバイオフォトンを調べる研究が盛んになされていました[100]。これらの生命体の細胞、組織から放出されるバイオフォトンは、400～800 nmあるいは300～900nmの近赤外線～紫外線領域の波長を持っているとされています[101][102][103]。

植物の種子を、水晶を真ん中に置いて分離・静置します。片方にガンマ線を照射すると、被曝していないほうの種子も同じ変化を示しました。ガラスで隔てるとこの現象が認められないことから、被曝した種子から紫外線領域の波長を持つバイオフォトンが水晶を通過して他方の種子に伝わったと解釈されています[104]。

ヒトの白血球細胞でも同じ現象が認められています。活性酸素放出（respiratory burst）を促された白血球から放出されるバイオフォトンによって、ほかの白血球も活性酸素を放出することが報告されています[105]。これらの細胞から発せられるバイオフォトンは、ランダムではなく、位相がそろったとき（コヒーレント）に、ほかの細胞に影響を与えることが示されています[106]。

ヒトの全血（human whole blood）から放出されるバイオフォトンのおいても、位相がそろったときのみ大根の種子の発芽が促進したのです。

しかし、細胞間のコミュニケーション法として電磁波が使用されているというガーウィッチの発見以降100年間で、細胞から放出される電磁波やバイオフォトンについての研究はあまり進展しませんでした。最近では、ようやく脳の情報伝達にこのバイオフォトンが使用されている可能性を示唆する研究が報告されるようになっています[107][108][109]。

2020年には、レンティル豆の発芽に関して、バイオフォトンの放出に変化が認められたことが、拡散エントロピー解析（diffusion entropy analysis：DEA）によって詳細に報告されるようになりました[110]。私たち生命体の形態形成維持には、ATPや糖質などの生化学物質の生命場への拡散（morphogenetic gradients）が必要とされますが、これらのバイオフォトンなどの電磁波による情報の拡散も重要な役割をしていることが明らかになってきているのです[111]。

魚の受精卵においても同様の変化が認められます。若い受精卵と加齢した受精卵をガラス越しに近づけると、若い受精卵は早く成熟します。逆に、年齢が極端に離れた受精卵をガラス越しに近づけると、若い受精卵の発達障害、奇形、死滅を誘引することも確かめられています[112]。

このように、**電磁波（誘電磁場）という生体のシグナルは影響を与える**のです。

Chapter2

04 “共鳴”による生体分子の構造変化・化学反応

1968年にヘルベルト・フレーリッヒ（Herbert Fröhlich）という理論物理学者が、「**生き物の身体の中では、特別な振動（位相のそろった振動、コヒーレントな振動）が起きている**」という考えを発表しました[113]。この「**振動**」**というのは、身体の中の小さい部品たちが、同じタイミングで一緒に動いているということ**です。イメージとしては、たくさんの人が集まって、みんなが同じリズムで手を叩いたり、足を踏み鳴らしたりしているようなものです。このとき、みんながぴったりそろって動くと、大きな音や振動が生まれますよね？　フレーリッヒは、それと同じように、身体の中でも、ある方向に向かってみんなが一緒にそろって振動することで、エネルギーがうまく使えるようになると考えました。**ある振動やリズムがほかの振動とぴったりあって、お互いに影響を与えあい、振動が強まる現象を「共鳴（resonance）」といいます**。

2つ以上の波（振動）が同じタイミングで重なるとき、波が強めあって大きな振動になる現象を「**建設的干渉**（constructive interference）」といいます。波の山と山、谷と谷が一致するときに起こり、結果として波のエネルギーが強まります。共鳴も同様に、2つの振動が同じ周波数やタイミングであわさるとき、振動が強まる現象です。たとえば、ブランコを漕ぐときにタイミングよく力を加えると、ブランコがどんどん高く揺れるように、共鳴によってエネルギーが効率よく増幅されます。フレーリッヒが提唱したコヒーレントな振動（みんなでそろって動く振動）も、この建設的干渉を通じてエネルギーを集めることで、生命体の体内の情報が早く伝わったり、化学反応がスムーズに起きやすくなったり、エネルギーが効率よく使われたりする可能性があると考えられています。

この物質の共鳴現象については、実際に絶対零度に近い冷却された希薄なアルカリ原子ガスなどで、最低エネルギー状態に集まることが実験的に観察されていました。

もっとわかりやすく説明しましょう。

絶対零度に近い温度まで冷やすと、小さい粒（たとえば原子や分子）がみんな一緒になって「同じ場所」に集まって、まるでひとつの大きな粒みたいに動くようになります。ふだんはバラバラに動いている粒が、ここでは「みんなで同じように動こう！」と集まってしまうイメージです。この共鳴現象を「**ボース・アインシュタイン凝縮**（Bose-Einstein Condensation：BEC）」といいます。

それに対して、フレーリッヒが提唱したコヒーレントな振動（共鳴）は、生命体のような高温環境でも発生し、外部からのエネルギー供給が継続的に行われる条件下で生じます。特定の振動モード（通常は低周波振動）にエネルギーが集約されるのが特徴で、「**フレーリッヒ凝縮**（Fröhlich condensation）」とも呼ばれます。フレーリッヒは、私たちを構成しているタンパク質やDNAは、0.1～10テラヘルツ（THz）領域を吸収して振動していると予測しました[114][115]。理論的には、細胞内のマクロ分子の振動は、0.3～6.0テラヘルツ（THz）と共鳴しているとされています[116][117]。

まだこれらの仮説の完全な証明には至っていないものの、**テラヘルツ領域の照射（熱作用をもたない領域）によって、タンパク質の微細な構造や反応性の変化が認められる**ようになっています。

ニワトリの卵の白身に含まれるライソゾームという酵素があります。この酵素は、0.4 THzの照射によって、電子密度が増加し、二次構造（ヘリックス）が圧縮される変化を示しました[118]。

ウシの血清アルブミンに対する0.2～1.5THzのパルス照射では、アルブミンの酸素などとの反応性が2倍近く高まりました[119]。これも、テラヘルツ波によるタンパク質の共鳴による構造変化がもたらしたものと考えられています[120][121]。2.87～3.28Thzの照射によって、カルシトニンというホルモンのペプチドの二次構造の変化（βシーツ構造が減って、αヘリックス構造が増加）も確認されています[122]。

2020年にはアクチンというタンパク質を入れた水溶液中にテラヘルツ波（0.46 THz）を照射した興味深い実験結果が報告されています[123]。この実験では、アクチンというタンパク質はテラヘルツ波によって重合（polymerization）して繊維状となりました。アクチンというタンパク質は細胞構造の骨格を担うだけでなく、食作用を含めた細胞の運動に必須のタンパク質です。

このように、**私たちを構成する生体分子は、電磁波（誘電磁場）に共鳴することで構造変化や化学反応が起こることが実験的に証明されるようになっています**。この電磁波が外部ではなく、内部で発生することで生体分子の構造変化や化学反応が起こることを詳しく後述していきます。

Chapter2

05 私たちの生体内から発生するシグナル

生命体のシグナル（誘電磁場）の源は2種類あります。まずひとつ目は、通常の糖のエネルギー代謝（基礎代謝）から生じる熱です。詳しくは、**ミトコンドリアから産生される熱エネルギーがシグナルのもと**になります[124][125]。ミトコンドリアの熱産生による温度は、53～54℃にも達します。これはちょうど8,000～15,000 nmの中赤外線領域にあたります[126][127]。前述したように、**水のEZ層の拡大が最大になるのは、この中赤外線領域**です。したがって、**糖のエネルギー代謝が回って（糖の完全燃焼）、ミトコンドリアから熱産生が盛んになるほど、細胞内外の水のEZ層が拡大していきます**。

もうひとつのシグナルの源は、**太陽光などの外部エネルギーを蓄電した水（構造水）から発生する**ものです。前述したフレーリッヒが提唱したコヒーレントな振動（共鳴）から生じるシグナル（誘電磁場）です[128]。水に近赤外線をあてると、水からテラヘルツ領域のシグナルが放出されることが確認されています[129]。**EZ層などの構造化された水に蓄えられたエネルギーが磁場となって放出されるときに、これがシグナルとなって生命体の生体内のさまざまな反応が引き起こされます**。その詳細はChapter3で詳述していきます。

水の記憶事件

1988年、フランスの免疫学者ジャック・バンヴェニスト（Jacques Benveniste）は、「Nature：ネイチャー」誌に論文を発表し、「**水が物質の記憶を持つ**」という主張を展開しました。この「水の記憶」仮説は、特定の物質が水に溶解したあとでも、その物質がなくなったあとも水がその物質の影響を保持し続けるというものです。これは、当時ホメオパシーの原理を支持する科学的証拠として注目されました。ちなみに、**ホメオパシーでは、物質を希釈震盪（きしゃくしんとう）していくとその物質と反対の作用をもたらす現象を治療に応用しています**。

バンヴェニストは、「水分子は抗体と一緒にいたという記憶がある」と主張しました。この主張は、多数の研究者から猛攻撃され、メディアは「**水の記憶**（memory of water）**事件**」として大騒ぎしました。バンヴェニストは総攻撃され、学術界も排除されて、1993年末（58歳）に研究室は閉鎖されました。彼は、その後2004年10月3日、69歳、失意のうちに亡くなっています。

70年代から80年代にかけて、バンヴェニスト博士はパリの国立保健医学研究所にある研究室で、ヒトの血液から取り出した好塩基球と呼ばれる白血球の一種を使って、アレルギー反応を分析していました。

好塩基球を入れた試験管の中にアレルギーの原因物質を

添加すると、好塩基球は反応して細胞内の顆粒を外に放出します。この反応は「**脱顆粒反応**」と呼ばれています。IgE に対する抗体（これを抗 IgE 抗体、あるいは抗 IgE 抗血清という）を加えると、抗体はこの細胞に結合します。抗体が結合すると、細胞はヒスタミンを含む顆粒を放出します。彼の実験では、好塩基球を入れた試験管に抗 IgE 抗体を $1 \times 10^{2} \sim 1 \times 10^{120}$ 倍希釈しても、40 ～ 60％の好塩基球の脱顆粒が抑制されたというデータを得たのです（脱顆粒する物質を希釈震盪すると、逆の作用を持つようになる：脱顆粒を抑える）[130]。

ジャック・バンヴェニスト（Jacques Benveniste）の実験

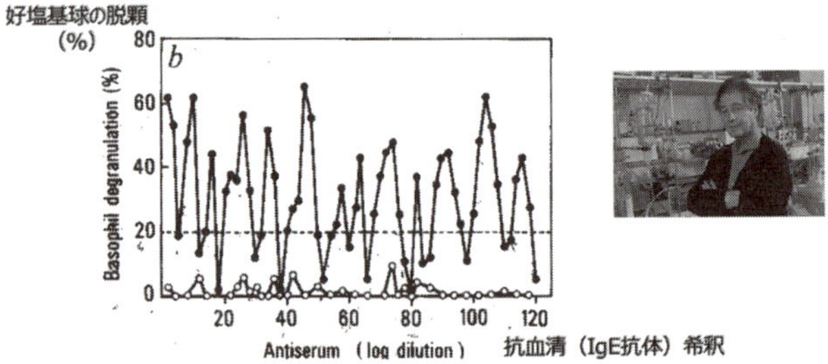

IgE抗体を1X10²~1X10¹²⁰倍希釈すると、40~60%の好塩基球が脱顆粒抑制（ただし、試料のボルテックスが必要）

Human basophil degranulation triggered by very dilute antiserum against IgE. Nature. 1988;333(6176):816–818.

1×10^{120} 倍まで薄めるというのはどういうことでしょうか？

分子（物質）が存在する数を「**アボガドロ数**（6.02×10^{23} 個の粒子の集団：mol）」といいます。1×10^{100} 倍以上の希釈では、アボガドロ数を下回るため、水溶液には分子（物質）は存在しないことになります。**バンヴェニストの実験では、物質が存在しないレベルまで希釈震盪した水が効果をもたらしたことになります**。

この「1988年のネイチャー誌」の論文には、多数の研究者が猛反発しました。ネイチャー誌の調査チームがバンヴェニストの研究所に乗り込みました。そして、彼ら調査チームの前で再現実験を行いました。ネイチャー誌のスタッフが立ち会った二重盲検比較試験では、再現性はないと判定されます[131]。しかし、この否定論文をよく読むと、少なくとも4つの試験で、3つはバンヴェニストの実験が再現されています。これでバンヴェニストの実験結果を「妄想」と断定できるのでしょうか？　ネイチャー誌の調査チームには、ネイチャー誌編集長のJ. マドックス以外にもプロの手品師J. ランディ、ねつ造研究の専門家のW. スチュアートが入っていました。ネイチャー誌は、最初からベンベニストを笑いものにさらす計画だったのです。

奇しくもバンヴェニストが亡くなった2004年に、ほかの研究所で追加実験がなされました。今度はヒスタミンを希釈震盪し、好塩基球に反応させた実験です[132]。ヒスタミンの希釈震盪液1×10^{40}まで、有意に好塩基球の脱顆粒を抑制しました。この希釈濃度では、ヒスタミンの分子が残存している可能性がありますが、バンヴェニストと同じ結果が再現されたのです。バンヴェニストトは、抗IgE抗体を使用し、この実験ではヒスタミンを希釈物質として使用していますが、**いずれも好塩基球の脱顆粒を抑制**

したのは、ホメオパシーの原理に一致しています。

□ 2004年のテストでは、ヒスタミンの希釈震盪液で有意に脱顆粒抑制が見られた

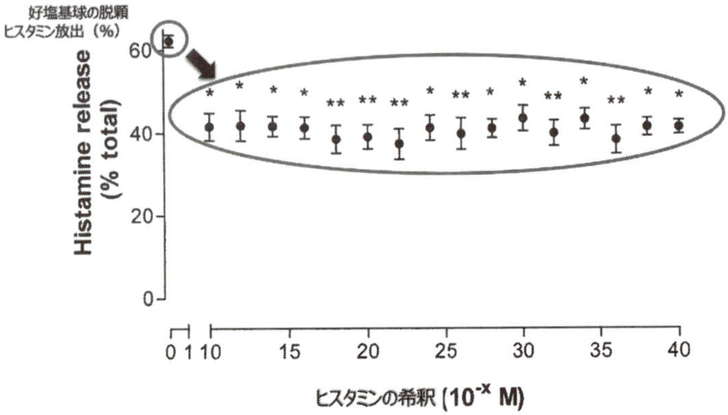

バンヴェニストのネイチャー誌に形成された論文を英文論文検索の「パブメド：PubMed」で調べると以下のようになっています。

Human basophil degranulation triggered by very dilute antiserum against IgE.　Davenas E, Beauvais F, Amara J, Oberbaum M, Robinzon B, Miadonna A, Tedeschi A, Pomeranz B, Fortner P, Belon P, et al. Nature. 1988 Jun 30;333(6176):816-8. doi: 10.1038/333816a0.

この論文の著者を見ると、バンヴェニストを含む最後の3人が「et al」と省略されています。

そのために、「Benveniste J Author」で検索しても「1988年6月のNature」論文はヒットしません。つまり、「1988年6月のNature」論文はバンヴェニストの論文として扱われていないのです。メインストリームの医学は念入りに彼の業績を葬りたいようです。

07 モンタニエの水の記憶実験の問題

詐欺師扱いされたバンヴェニスト（Jacques Benveniste）の援護をしたのは、エイズウイルスの発見で2008年にノーベル生理学・医学賞を受賞したルーク・モンタニエ（Luc Montagnier）です。2011年に、モンタニエはエイズウイルスの一部の遺伝子（HIVの長末端反復：LTRから取られたDNA断片）の希釈震盪液を用いて、水の記憶実験を行いました[133]。

エイズウイルスの一部のDNAの希釈液（10^{-6}）の横に純水の試験管を置き、外部から7 Hzの誘電磁場を18時間かけました。この純水は希釈震盪（10^{-2} ～ 10^{-15}）されています（7Hzは、地球とその電離層の間の空洞で発生する電磁波の定在波（standing wave）の周波数で、「**シューマン共鳴**（Schumann Resonances）」と呼ぶ。雷放電は強力な電磁波を放出し、これが地球表面と電離層の間を何度も反射することで共鳴を引き起こす）。その結果、希釈震盪された純水の試験菅からは、エイズウイルスの一部のDNAの希釈液と同じ電磁波シグナルが検出されました。

これは、エイズウイルスの一部のDNAからの電磁波シグナル（正確には、DNAのシグナルと共鳴した希釈震盪液の誘電場からの電磁波シグナル）が、純水の試験管の誘電場に伝達されたことを意味しています。次に、エイズウイルスのDNAのシグナルが“刻印”された純水をポリメラーゼ連鎖反応（PCR）にかけます。DNAを合成するためのすべての材料（ヌクレオチド、プライマー、ポリメラーゼ）を純水のチューブに加えました。古典的な条件（35サイクル）でサーマルサイクラーを使用して増幅を行い、その後、生成されたDNAをアガロースゲルで電気泳動にかけました。

結果として、もとのエイズのDNA断片と予想されるサイズのDNAバンドが検出されました。このDNAは、もとのエイズのDNA配列と同一、またはほぼ同一であることが確認されました。実際、104塩基対中98%が一致したとしています。この実験は非常に再現性が高く（12回中12回成功）、ライム病の原因となるボレリア・ブルグドルフェリ菌（Borrelia burgdorferi）の別のDNA断片の希釈震盪液を用いても同じ結果が出ました。

これは、情報が水から水に伝達されることを実証した貴重な実験ですが、大きな問題点があります。

それは、純水の希釈震盪液のPCRです。PCRの増幅サイクルが35回なので偽陽性の可能性があります。メインストリームの医学では、キャリー・マリス（Kary Mullis）という米国の生化学者がPCR技術の発明者とされています。マリスは、PCRの増幅サイクルが30回以上では偽陽性が出るため、DNAの検察には使えないことを新型コロナパンデミックの発生前に主張していました。

PCR機器は、増幅サイクルが30回以上では、自分が検索したいDNA配列は何でも増幅されるエラーが生じるのです。これは、パンデミック当時、コカコーラやパパイヤ、モーターオイルといったどのような検体であっても、PCRで増幅サイクルが30回以上かかると、新型コロナの遺伝子が検出されたという事実が物語っています。したがって、モンタニエの実験は、再度PCRの増幅回数を30回以下に設定して、同じ結果が出るかを検証する必要があります。

Chapter2

08 情報は水から水へ

水中の物質の希釈ではなく、水に直接シグナルを転写して、それが実際に効果をもたらすかを調べた研究があります。「P53」と呼ばれる、ガンの増殖を抑えるとされているタンパク質の情報を水に転写した実験をご紹介しましょう。

ここで使用されている水は、セラミックと混ぜて7.8Hzのシューマン共鳴をかけた構造水（整列水）です。P53の溶液からシグナルを得た構造水を与えた場合、実際にガン細胞の数が減少しました[134]。

ガン抑制タンパク質（P53）のシグナルを得た水（構造水）で、ガン細胞の増殖がストップした

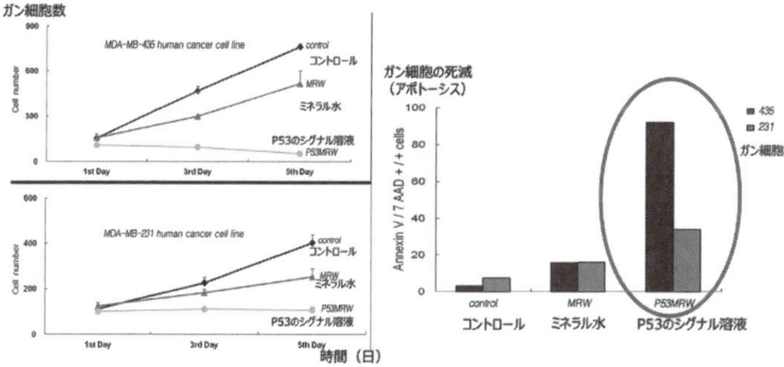

Kim WH (2013) New Approach Controlling Cancer: Water Memory. Fluid Mech Open Acc 1: 104.

次に抗生剤の溶液のシグナルを転写した水の効果を調べる研究を見ていきましょう。

抗生剤のシグナルを得た水とバクテリア（大腸菌）を混合すると、バクテリアの数は減少した結果が出ています。

□ 抗生剤の水溶液からのシグナルを転写した水で、バクテリアの増殖がストップした

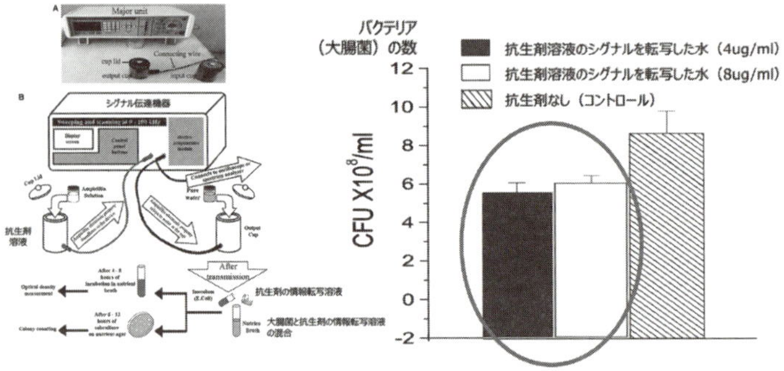

ANTIMICROBIAL EFFECT OF VANCOMYCIN ELECTRO-TRANSFERRED WATER AGAINST METHICILLIN-RESISTANT STAPHYLOCOCCUS AUREUS VARIANT.
Afr J Tradit Complement Altern Med. (2015) 12(1):104-108.

このように、**ホメオパシーのように希釈震盪しなくても、水のシグナルは水へと伝達されます**。そして、**そのシグナルに実際に生物学的効果があることが示されている**のです。

鉱物の世界では、水を使って別の鉱物の上に鉱物がきれいにくっついて成長する「エピタキシー：Epitaxy」という現象が認められています。土の中の水が鉱物の材料を運んできて、鉱物の上に同じ形で並べてくれるような感じです。こうして、まるでレゴブロックを積み重ねるように、

鉱物が別の鉱物の上に積み重なっていきます。このしくみが「エピタキシー」です。雲母や石英などの鉱物が、水溶液中で基板となる別の鉱物上でもエピタキシー的に成長します。鉱物が地下水や温泉水などの水溶液中で成長するとき、別の鉱物の表面に沿って整然と並んで成長することがあります。カルサイト（calcite：方解石：$CaCO_3$）の上に水晶が形成されたりします。これは、**カルサイトの結晶の情報を水が受け取り、その水が二酸化ケイ素（SiO_2）を原材料として、情報にしたがって（カルサイトの結晶構造にしたがって）水晶をその上に形成します**。

□ エピタキシー（Epitaxy）

カルサイト（calcite、方解石、$CaCO_3$）の上に形成される水晶

水晶（quartz：SiO_2）やルチル（rutile：TiO_2）の入った液体で アルグ石（Argutite：GeO_2）の結晶をつくることができます[135]。

この鉱物のエピタキシーという現象も、情報が水から伝達されることがわかります。

サンゴや貝殻の形成も、この水のシグナルを利用したものです。サンゴや貝殻は、水中のカルシウムや炭酸イオンを取り込み、炭酸カルシウム（アラゴナイトやカルサイト）の結晶として成長します。これも水溶液中で基板の情報に沿って特定の方向に結晶が成長するエピタキシー的な現象です。生物が体内で鉱物をつくる現象（バイオミネラリゼーション）でも、水溶液中でエピタキシー的な成長が見られることがあります。たとえば、骨や歯は生物が生成するハイドロキシアパタイトという鉱物で、既存のコラーゲンの基板に沿って整然と成長します。

なぜホメオパシーの超希釈液は効果が出るのか？ 09

ホメオパシーは物質を分子がない段階まで希釈しますが、同時に激しく水を震盪します。これを「**希釈震盪液**」と呼びます。この操作で、水の物理化学的性質の変化が起こります。水の希釈震盪液は、紫外線領域（385nm）のシグナル（水が放射するシグナル）強度を調べると、希釈震盪なしの水と比較して、シグナル強度は高く出ます。興味深いのは、希釈震盪液では1.5カ月後でも高いシグナル強度を維持していたことです[136]。

□ 希釈震盪した水は、紫外線領域のシグナル強度が高くなる

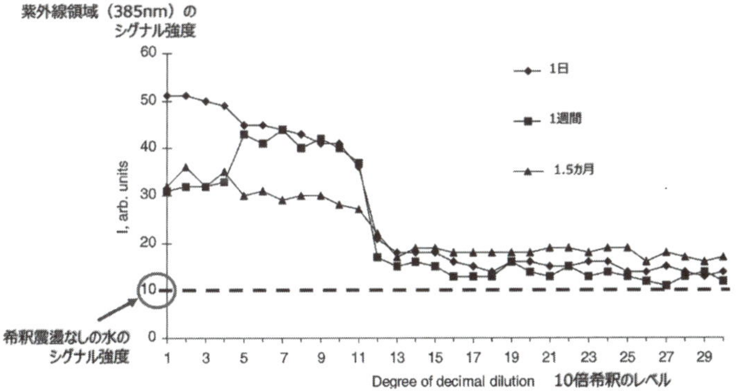

希釈震盪水は、pH が上昇します。震盪が激しくなるほど、pH が上昇します。

□ 希釈震盪水では pH が上昇

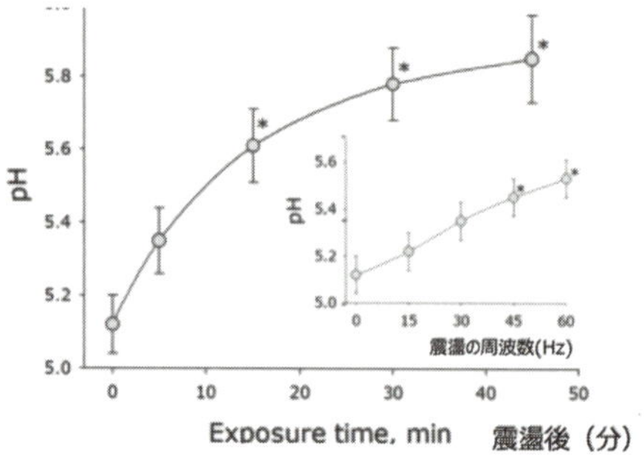

震盪の頻度が上がるほど、水中のpH上昇

Effect of Mechanical Shaking on the Physicochemical Properties of Aqueous Solutions. Int J Mol Sci. 2020 Nov; 21(21): 8033.

希釈震盪水では、水中の溶解酸素濃度が低下します。震盪が激しくなるほど、水中の溶解酸素濃度が低下します[137]。その一方で、震盪後は、時間の経過につれて水中の濃度は上昇します。

□ 希釈震盪水では溶解酸素濃度低下

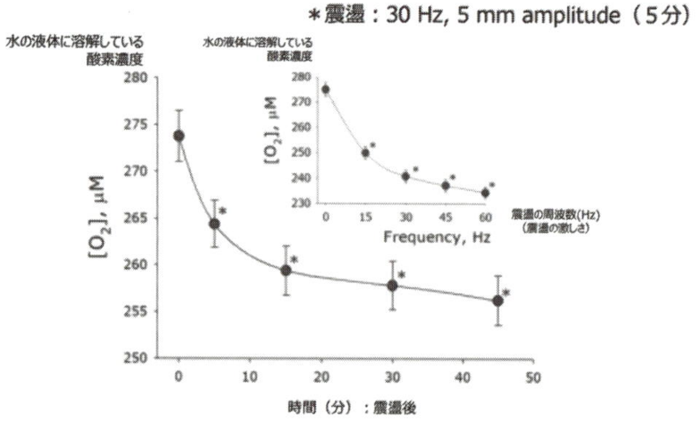

震盪が激しいほど、水の液体の溶解酸素濃度低下

Effect of Mechanical Shaking on the Physicochemical Properties of Aqueous Solutions. Int J Mol Sci. 2020 Nov; 21(21): 8033.

そのほか、震盪によって水中の過酸化水素濃度上昇、ハイドロキシラジカル濃度上昇も認められます。いずれも震盪の頻度を高める(激しく振る)ごとに、濃度が上昇します。

□ 希釈震盪水中の過酸化水素濃度上昇

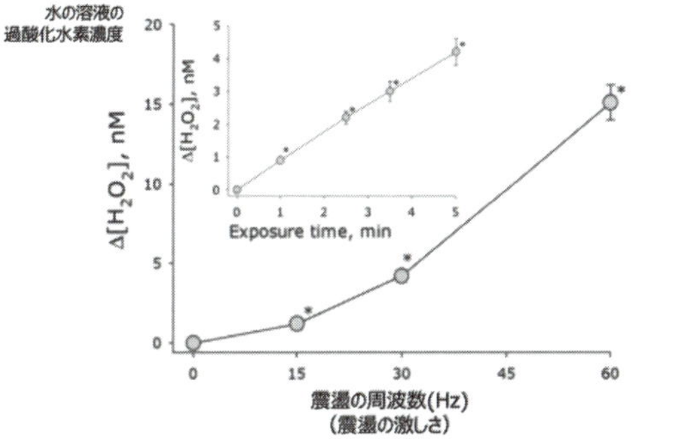

震盪が激しいほど、水中の過酸化水素濃度上昇

Effect of Mechanical Shaking on the Physicochemical Properties of Aqueous Solutions. Int J Mol Sci. 2020 Nov; 21(21): 8033.

□ 希釈震盪水中の過酸化水素濃度上昇

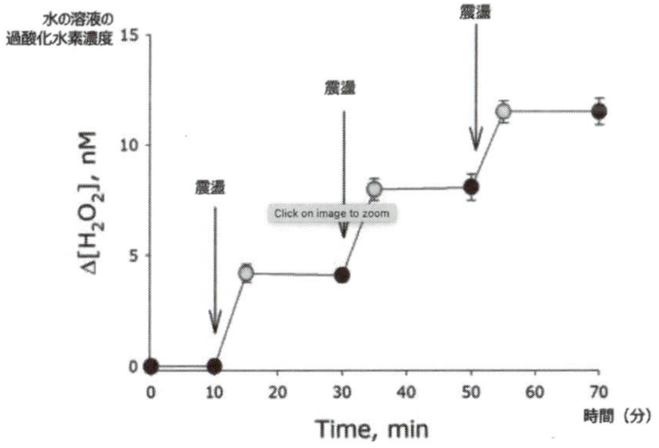

震盪の頻度が上がるほど、水中の過酸化水素濃度上昇

Effect of Mechanical Shaking on the Physicochemical Properties of Aqueous Solutions. Int J Mol Sci. 2020 Nov; 21(21): 8033.

□ 希釈震盪水中のハイドロキシラジカル濃度上昇

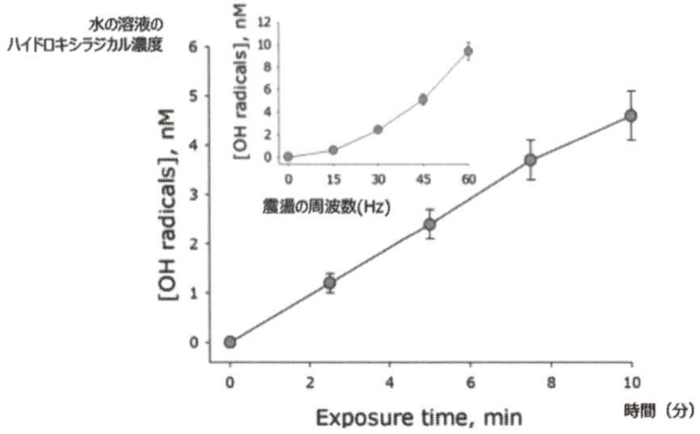

震盪が激しいほど、水中のハイドロキシラジカル濃度上昇

Effect of Mechanical Shaking on the Physicochemical Properties of Aqueous Solutions. Int J Mol Sci. 2020 Nov; 21(21): 8033.

□ 希釈震盪水中のハイドロキシラジカル濃度上昇

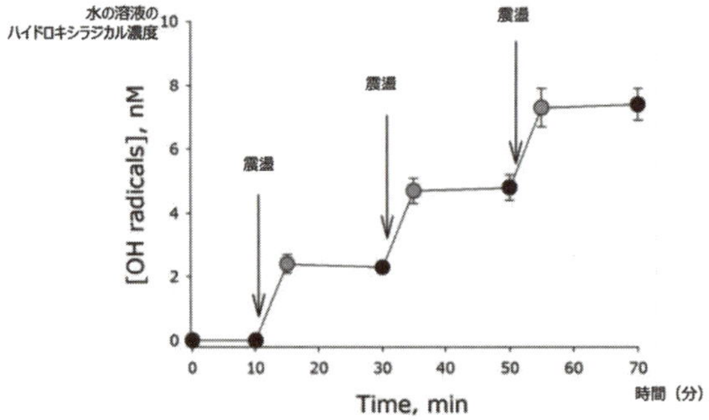

震盪の頻度が上がるほど、水中のハイドロキシラジカル濃度上昇

Effect of Mechanical Shaking on the Physicochemical Properties of Aqueous Solutions. Int J Mol Sci. 2020 Nov; 21(21): 8033.

これらの現象は、水の中に誘電場（構造水、EZ層、あるいは後述するコヒーレント・ドメイン：CD）があることを示唆しています。誘電場から放出される水素イオン（あるいはヒドロニウムイオン（H_3O^+：水分子にプロトン（H^+）が結合したイオン）が水中の酸素と反応して活性酸素種を形成するからです[138][139][140]。この活性酸素種の発生によって、希釈震盪水の電気伝導率が上昇します。処理前の水の電気伝導率は約1μS/cmでしたが、震盪処理を5分間行うと、その電気伝導率は7.8μS/cmと、ほぼ8倍増加しました。電気伝導率は、曝露時間の増加とともにさらに増加しています。特に注目すべきは、曝露後数日間にわたって水の伝導率が増加していることです。

ホメオパシーの希釈震盪で案外と知られていないのは、**希釈液を震盪するときに、渦流（ボルテックス）ができる**ことです。したがって、震盪を「**ボルテキシング**：vortexing」とも呼びます。私が大学院時代に遺伝子やタンパク質を扱っていましたが、これらの試料を均一に混ぜて攪拌（かくはん）するために、ボルテックス・ミキサーという機器を用いていました。このミキサーに試料を入れた試験管を置くと、試験管内に渦流をつくって攪拌してくれます。ボルテックスの運動（正確には、誘電場への加速）は、エネルギーへ変換されます[141]。このエネルギーが渦流の水に誘電場を与えるのです。これまで見てきたように、**希釈震盪液のさまざまな物理化学的性質が変化するのは、ボルテックスによって水に誘電場（エネルギー）が蓄積するから**です。水に緩いボルテックスをかけるだけでも、有意に電気伝導率が上昇します[142]。

□ 水に緩いボルテックスをかけても、電気伝導率は有意に上昇

測定パラメーター	Type of Water Treatment	
	バルクの水（無処理の水	ボルテックス水
電気伝導率（uS/cm）	0.91 ± 0.17	1.61 ± 0.11 *
pH	5.12 ± 0.08	5.17 ± 0.03
光散乱強度（kcps）	17.1 ± 2.5	21.9 ± 1.5 *
過酸化水素濃度（nM）	31.8 ± 2.0	34.2 ± 1.8
溶存酸素濃度（nM）	273.8 ± 2.7	271.9 ± 2.6

Effect of Mechanical Shaking on the Physicochemical Properties of Aqueous Solutions. Int J Mol Sci. 2020 Nov; 21(21): 8033.

ホメオパシーとEZ水 10

1880年代に、ドイツの薬理学者であるヒューゴ・シュルツ（Hugo Schultz）は、物質は低濃度では生体を刺激し、高濃度では抑制するという一般則を見出しました[143][144]。これを「**二相性の容量反応**（biphasic dose response）」と呼んでいます。

シュルツは、この二相性の容量反応こそが、ホメオパシーの原理であるとしています。現代医学では「**ホルメシス**（hormesis）」という概念を採用しています。ホルメシスはある物質が毒性を発揮しない濃度では、逆に健康を増進するという現象を指しています。それに対して、**ホメオパシーは、ホルメシスよりもさらに薄めた濃度で、希釈震盪するほど効果が高まる現象をもたらします**。ホルメシスは、あくまで物質やエネルギー（放射線など）の実在が前提になっていますが、ホメオパシーでは物質がもはや存在しないレベルでも効果を発揮するという違いがあります。

ホメオパシーの祖とされるハーネマン（Samuel Hahnemann）も、最初は毒性を発揮しない濃度に薄めた薬（つまりホルメシス現象）を治療に利用していました[145]。その後、ハーネマンは、植物から抽出した物質を水、あるいは水とアルコールの混合溶液で薄めました。彼は、100分の1ずつ薄める方法（centesimal（1:99）scale）を治療の基本としました。液体を希釈する際には、最低40

回震盪（vortexing or succussion）します。

水に溶けないミネラルや化学物質の場合は、乳鉢で乳糖と混ぜて摩砕（まさい）します（100万倍希釈まであげると粒子が微粒子化され、液体に溶けるようになるとされている）。このように物質を水で薄めた希釈液を震盪すると、**物質がもはや存在しない濃度でもさらに効果が高くなる現象を「ポーテンタイゼーション（potentization）」と呼んでいます**。分子（物質）は存在しない状態は、前述したように厳密には「アボガドロ数：6.02×10^{23}個の粒子の集団：mol」を下回ることを意味します。1×10^{100}以上の希釈では、アボガドロ数を下回ることになります。ホメオパシーでは、100分の1ずつの希釈を12回続ける（12C potency）あるいは、10分の1ずつの希釈を24回続ける（24X potency）ことで、最初の物質が存在しない濃度になります。

ホルメシス効果を示さない毒性物質（ヒ素など閾値がないもの）でも、希釈震盪していくと効果を示すようになります[146]。ホメオパシーでは、物質を希釈震盪していくと、その物質と反対の作用をもたらします[147][148]。

近年、ホメオパシーの効果について、ナノ粒子の存在がクローズアップされています。ナノ粒子とは、100nm以下のサイズの粒子をいいます。ホメオパシーの震盪希釈液には、無数のナノ粒子の存在が確認されています[149][150][151][152]。ナノ粒子（を囲む水）は同じ体積だとバルクの水よりも表面積が大きくなります。この**ナノ粒子を囲む水は、EZ化しており、この水に記憶が保存される**ことが提唱されています[153][154]。

ここで少しホメオパシーの祖ハーネマンの話に戻ります。彼は、キナノキの樹皮を乾燥させたもの（Cinchona、Peruvian bark：マラリアの特効薬であるキニーネが含まれる）は、過剰に摂取するとマラリアと似た症状を出しことに気づきました。病気と似た症状を引き起こす薬に効果があるという「**同種の法則**（the principle of similars）」を治療原理として打ち立てました[155][156]。この同種の法則自体は、ヒポクラテス（Hippocrates：460 BC ～ 370 BC）やパラケルスス（Paracelsus：1493 ～ 1541）がすでに提唱していたものです[157]。

ヒポクラテスは、「**発熱を引き起こす物質が、発熱を伴う病気を治癒させる**」と同種の原理に言及していました[158]。古代ギリシャ世界で最も重要な聖地とされていたデルフォイのアポロン神殿の神託にも「病気をもたらすものが病気を治す（That which makes sick shall heal.）」とあります。したがって、同種の原理はかなりの歴史があります。

この同種の法則が有効になるのは、ただ薬剤や物質を希釈するだけでは得られませんでした。ハーネマンがこの希釈液を患者に届ける際に、馬車でデコボコ道を走ったときのみ有効だったのです[159][160]。この**馬車の揺れがいわゆる「震盪：succussion」と呼ばれるもので、水にボルテックス（渦流）をつくる方法だった**のです。

馬車の揺れが水にボルテックス（渦流）をつくった

同種の法則が有効になるのは、ただこの薬剤や物質を希釈するだけでは得られなかった。
ハーネマンがこの希釈液を患者に届ける際に、馬車でデコボコ道を走ったときのみ有効だった。
これがいわゆる「震盪：succussion」。

ハーネマンは、当初100分の1に薄める希釈は30回（30C potency）が限度であるとしていました。しかし、ロシアでは1,000回希釈（1,000C potency）でも効果があることが報告され、ハーネマンも後日それを自分で確認し、認められざるを得ませんでした。**薄めて震盪すればするほど、効果が高くなった**のです。この希釈震盪した水溶液には、当初の物質は存在しないものの、さまざまなナノ粒子が存在しています[161][162][163][164]。

激しい震盪（水溶液にボルテックス（渦流）を与える）は、ボトル内の水圧が高まります。そしてボトル内にナノサイズの泡（バブル）が多数発生します[165][166]。このバブルが震盪によって破裂すると、熱と圧力（ボトル内の内圧を高める）を放出します。そしてガラスボトルの壁から遊離したシリカのナノ粒子が希釈震盪液に流出します[167][168]。

このシリカのナノ粒子の周囲にEZ水が形成されます。なぜ希釈震盪液に存在するナノ粒子の表面積にEZ化した水が結合するのかが現代サイエンスでは明らかにされていません。これは、震盪、つまり水に渦流（ボルテックス）をつくると、そこにボトル内に発生した熱エネルギーが蓄積されるからです。渦流(ボルテックス)の運動エネルギーは、エネルギーに変換されます[169]。このエネルギーが水をEZ化します（さらに太陽光がグラスボトルにあたっていると、EZ化しやすい）。このシリカナノ粒子の周囲のEZ水が情報を持つ（記憶を持つ）としています[170]。

ナノ粒子は、表面積が大きくなるため、そこに情報を溜めやすくなるとされています[171]。ある物質が希釈震盪されると、その情報がボトル内に生じたナノ粒子に刻印されると考えています。物質レベルでもナノ粒子がタンパク質などの生体分子を吸着します。これをプロテインコロナといいます（拙著「ウイルスは存在しない」下巻：社団法人ホリスティックライブラリー刊）[172]。ナノ粒子の周囲のEZ水が、繰り返される震盪によって、ナノ粒子から剥がれて、全体に拡がります。つまり、情報が毎回ボトル全体に拡がり、シリカなどのナノ粒子のEZ水に蓄積されます。

以上が、最新のホメオパシーの効果を説明する「**ナノ粒子－EZ水モデル**（The Nanoparticle-EZ Shell Model）」です[173]。水のどこに記憶されるのかを示唆するひとつの仮説として参考になります。

さらに、水の記憶場所に関しては、最有力となる仮説があります。

1980年代にエミリオ・デル・ジュディス（Emilio Del Giudice）によって数学的に提案され、最近では実験的にも証明されている「コヒーレント・ドメイン：CD仮説」です。この有力な仮説をChapter3でじっくりと解説していきます。

Chapter3

水の驚くべきパワー（構造水・CD水）

Chapter3

01 水には２つの状態がある

歴史的に、水の「構造化」または「非構造化」状態に関する議論は、19世紀後半からはじまっています。1892年にX線の発見者であるヴィルヘルム・レントゲン（Wilhelm Rontgen）は、液体水が2つの異なる相（高密度相と低密度相）から成り立っている可能性をはじめて示唆し、これが後の「**水の二重性の概念**」の基礎となりました。ひとつは一般的に想像される水分子の緩い配置であり、もうひとつはより四面体で氷のような構造です。1912年には、ハーディ（Hardy）は、水には異なる構造的状態が存在することを提唱しました。1949年には、マックス・ペルーツ（Max Perutz）は、メトヘモグロビン構造の周囲に薄い層の秩序化された水が存在することを示しました。

1957年には、アルベルト・セント＝ジョルジ（Albert Szent-Gyorgy）は、すべての生物学的システムにおいて特別な「構造化された水」が重要な役割を果たすと提案しました。この考えは、その後「**生体内構造水**（biological structured water）」の概念につながり、特に細胞内部や膜周辺の水の特異的な物理的性質について多くの研究が行われるきっかけとなりました[174][175][176]。

実際に、水には「**構造化された水**（構造化水：structured water あるいはコヒーレント（CD）水）」と「**構造化されていないバルクの水**（non structured water）」の

2つの水が混在しており、この2つの水は大きく異なる誘電率を持っています。構造化された水（コヒーレントの水の相）の誘電率は160であり、整列した水分子が共鳴して振動する高い分極可能性によるものです。対照的に、構造化されていない非コヒーレント状態（バルクの水）の誘電率は約15です[177]。誘電率とは、電池にたとえると蓄電率と考えてください。水の整列する（＝コヒーレント）コヒーレント水（以下“CD水”と表記）は、それ以外のバルクの水（ランダムで整列していない）と比較して、10倍以上の蓄電ができるということです。

水の２つの相

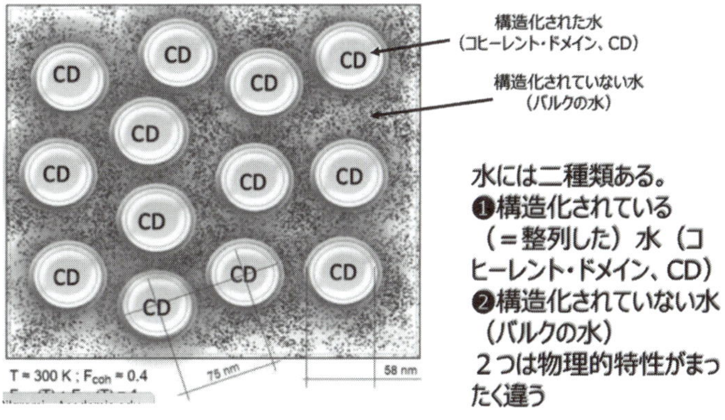

体温37℃（310.15K）では、細胞内の20～40％が構造化された水の集団と考えられています[178]。ほとんどの動物は平均して20～30％の構造化された水（これを生物学的構造水：biological structured water：BSW）と呼ぶ）

を含んでいます[179][180]。生物の細胞内およびミトコンドリア膜周囲に特有の液晶性や相互作用をもたらします。

◻ 細胞内のコヒーレント・ドメイン（CD）水の割合

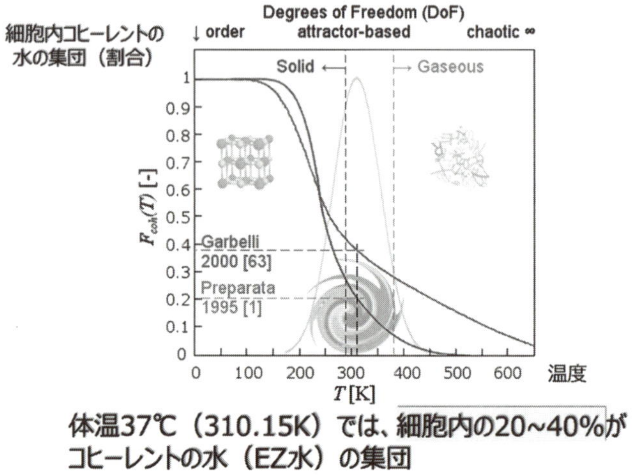

Quantum Electrodynamics Coherence and Hormesis: Foundations of Quantum Biology. Int J Mol Sci. 2023 Sep; 24(18): 14003.

細胞内の構造水は「**低密度水**（low density water：LOW）」に近い特性を持ち、バルクの非構造水は「**高密度水**（high density water：HDW）」に近い特性を持っています[181][182][183]。**加齢にしたがって、細胞内の低密度の構造水が高密度のバルクの水に変わっていく**ことがわかっています[184]。

「構造化水：structured water あるいはコヒーレント・ドメイン水：CD 水」は、私たちの体内において最も重要な役割を果たすと提案されています。「構造化水」の存在によって、特に、細胞の代謝、タンパク質の機能、酵素反応、そして神経系での情報伝達が行われていることが示されています。これらの研究では、構造化された水に蓄電したエネルギーが、エネルギー（熱）産生効率的な伝達やさまざまな化学反応に使用されている可能性も示されています[185][186]。

Chapter3

02 構造化された水の単位：コヒーレント・ドメイン（CD）

水分子は、周囲の電磁場と相互作用することで、振動の状態が共鳴し、全体の分子が協調して同じ振動を持つ「**コヒーレント状態**」を形成します。これにより、水分子の集合が一体として振る舞うことになり、エネルギー的に安定な状態をつくり出します（一般的に分子のコヒーレント（周波の位相がそろう）な振動は、分子集合体内に閉じ込められた誘電磁場と同調し、外部に放射されることはありません。**分子集合体内に閉じ込められた誘電磁場のことを「コヒーレント・ドメイン（CD）」と呼びます**。そのサイズは誘電磁場の波長に等しくなります）。

水のコヒーレント・ドメイン（CD）のサイズは100nm（0.1ミクロン）です。コヒーレント・ドメイン（CD）は、外部の誘電磁場によって生成される共鳴する誘電場です[187][188]。この概念は、1988年にイタリアの物理学者エミリオ・デル・ジュディーチェ（Emilio Del Giudice）やジュリオ・プレパラータ（Giulio Preparata）らが提唱しました。彼らは、量子場理論を用いて水分子と電磁場の相互作用を説明し、コヒーレント・ドメインがどのようにして形成されるかを理論化しました[189][190][191][192]。これは、**液体の水分子がある状況で周囲の誘電磁場に共鳴して、秩序だった構造（CDは集まって全体として渦流（ボルテックス）になる）を形成することができるという考え**です。この理論は、通常の「バルク水（bulk water）あるいは非構造化水（non structured water）」とは異なる「構造化水（structured water）」の存在を説明するものです。この水に形成される共鳴誘電場であるコヒーレント・ドメイン（CD）は、実験的にも観察されています[193][194]。

コヒーレント・ドメイン（誘電磁場共鳴構造・CD）の模式図

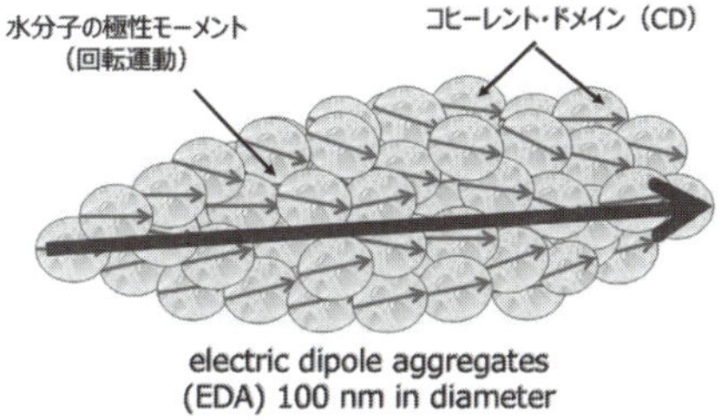

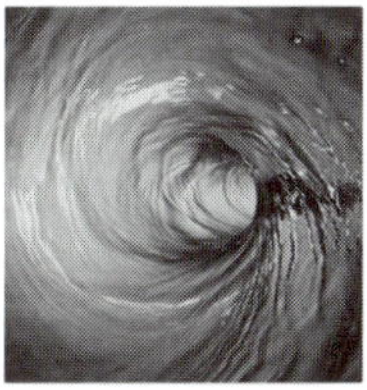

全体として渦流（ボルテックス）形成

水分子が誘電磁場をトラップした直径約100nmの「コヒーレント・ドメイン」としての水分子集団（約550万の水分子）を形成。全体としてボルテックス構造になっている。生体にさまざまな機能を与える（1988年にデル・ジェディチェ（Del Giudice）らによって提唱）

コヒーレント・ドメイン水（CD水）は、複数の水分子（H_2O）のクラスターからなります。このクラスターが大きく連なっていくと、水分子間の水素結合が再編成されて、「**らせん状**（スパイラル：spiral）」になっていきます[195]。

水分子間の水素結合が再編成されて、らせん状になっていく

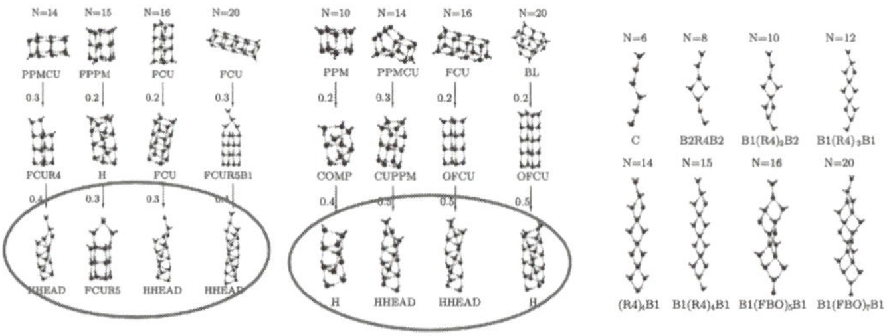

CD内では、水素結合の再編成が行われて、水の大きなクラスターの配置がらせん状（ボルテックス）になっていく

Physical properties of small water clusters in low and moderate electric fields. J Chem Phys . 2011 Sep 28;135(12):124303. doi: 10.1063/1.3640804.

このらせん状の形とは、S字カーブの図であり、渦（vortex）の断面図でもあります。コヒーレント・ドメイン水（CD水）を透過電子顕微鏡法（TEM：transmission electron microscopy）や原子間力顕微鏡法（AFM：atomic force microscopy）で観察した研究があります[196]。コヒーレント・ドメイン（CD）という約100nm（0.1ミクロン）のCD水の単位が円形（花輪状）や二重らせん構造をとることが確認されていますが、これらはCD水が渦（vortex）の三次元構造をとっていることを示す証拠です。渦（vortex）を二次元の断面で見ると、横断面では円形になり（次頁図）、縦断面では二重らせん（S字カーブ）に見えます（次々頁図）。

◻ コヒーレント・ドメイン（誘電磁場共鳴構造・CD）の横断面

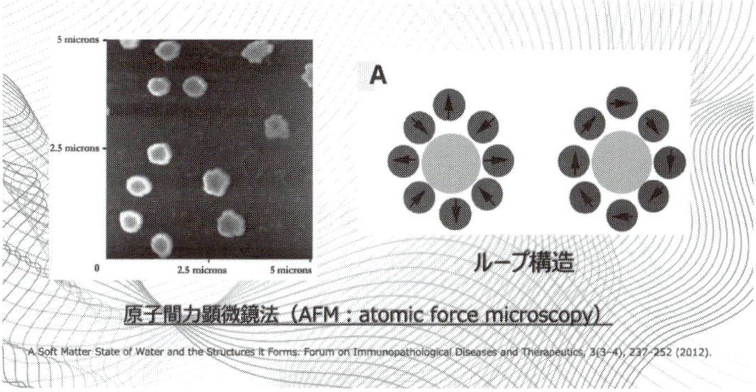

◻ コヒーレント・ドメイン（誘電磁場共鳴構造・CD）の横断面

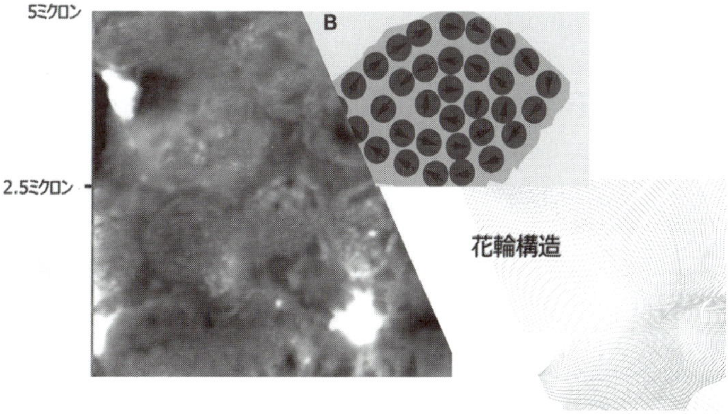

コヒーレント・ドメイン（誘電磁場共鳴構造・CD）の縦断面

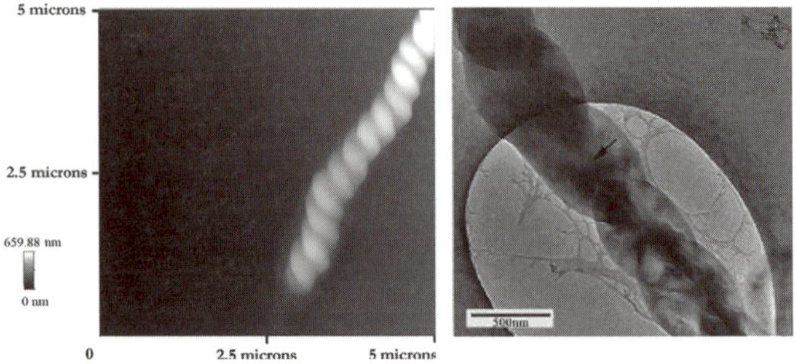

二重らせん構造

さらに透過電子顕微鏡法（TEM）の写真から、CD水は容易に折り曲げることができる液晶（ジェル）状のやわらかい物質（soft matter）であることがわかります。

私たちの体内および細胞内では、ほとんどの生体分子が水で囲まれています。これを「**結合水**（bound water）」と呼び、実質的にEZ化しています[197][198]。生体分子は、親水性（水になじみやすい）であり、その表面にはEZが形成されます。このような親水性の分子は、CD（コールド・ボルテックス）をさらに安定させます。

実際に、CD（コールド・ボルテックス）はEZ領域に形成されています[199]。ポラックの提唱したEZ水や構造水・結合水・境界水と呼ばれるものは、このCD（コールド・ボルテックス）が連なってできた構造化された水のことです[200][201][202]。

□ コヒーレント・ドメイン（誘電磁場共鳴構造：CD）は液晶状態

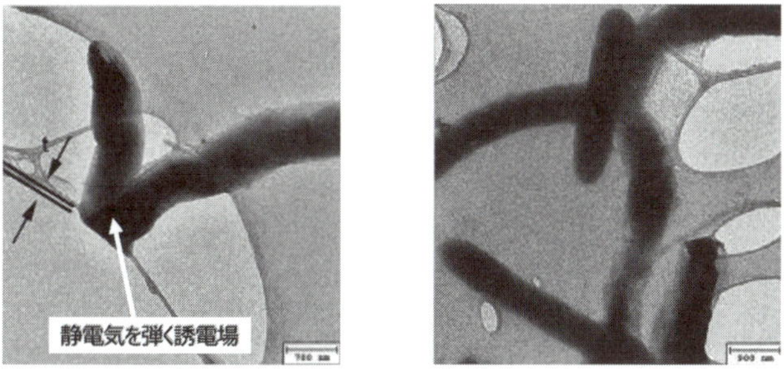

透過電子顕微鏡法（TEM: transmission electron microscopy）

円形のCDで形成される棒状のものは、容易に折り曲げられる（ゲルや液晶のようなソフトマターである）

マスが川の流れの中央部（最も流速が高い）で静止できるのは、中央部が構造（CD）水に近い形になり、ボルテックス（渦流）をつくる傾向があるからです。川の急流が岩などの障害物にあたると、その後方で低圧の領域が生まれ、障害物の下流側に低圧域が生じ、周囲の水がその空間を埋めるために逆流し、結果として渦が発生するためです。この渦は「**後流渦**（こうりゅううず）（カルマン渦列）」と呼ばれ、主流とは逆方向に渦が生じます[203]。マスは、川の流れのボルテックスと逆の方向のボルテックスを利用することで、川の急流でも静止することができるのです[204]。

マス（trout）はなぜ急流で静止できるのか？

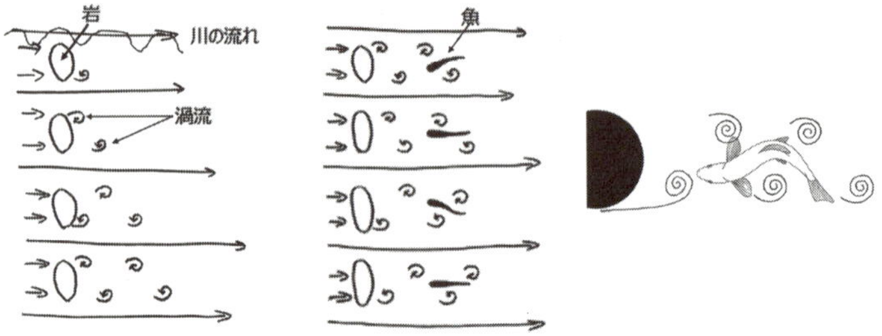

川の中央部の流れは、ボルテックス（渦流）である。岩の背後では、川の渦流と逆向きの渦流が形成される。魚はその逆向きの渦流を利用することで急流でも静止あるいは遡上できる

死んだマスを紐に括って急流を泳がせても、川の流れのボルテックスと逆方向のボルテックスをつくれば、遡上できることが実験的にも確かめられています[205]。

死んだマスを紐につなげて、急流においても遡上できる！

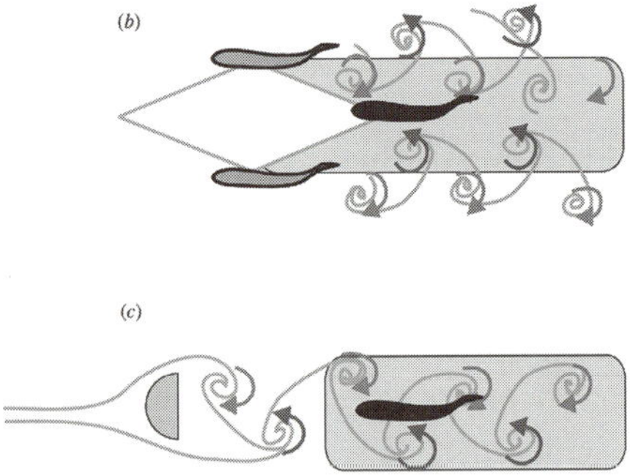

Neuromuscular control of trout swimming in a vortex street: implications for energy economy during the Kármán gait. J Exp Biol (2004) 207 (20): 3495–3506.

ATP は主要なエネルギー源ではない！

03

グルコース（ブドウ糖）とフルクトース（果糖）が、動物の生命を維持するエネルギーの主要な根源であることをお伝えしてきました。ところが、グルコースをエネルギー化されたATPに変換する効率は約38.3％にすぎません[206]。そのため、生命活動に必要なエネルギーは、ミトコンドリアが産生するATP量では足りない可能性が指摘されてきました[207][208]。

ATPというエネルギー通貨は、実際には、細胞内の水を整列させる（構造水をつくる）役割をする物質にすぎないことが、ギルバート・リン（Gilbert N. Ling）の研究（結合誘導理論：Association-Induction Theory）によって明らかにされています[209][210][211][212][213][214]。

糖のエネルギー代謝で産生されたATPと二酸化炭素（CO_2）が細胞内タンパク質と結合（吸着：absorption）することで、細胞内の水が整列します（そのほか、ホルモン、成長因子、核酸やミネラルイオンも結合する。これらのうち、細胞内タンパク質と結合して細胞内の水を整列させる作用のある主な物質を**吸着物質**（cardinal adsorbents）と呼んでいます）[215]。この細胞内の整列した水を「**極性を持った多層水**（Polarized Multi-Layer water：PML-water or PM water）」と呼んでいます。これは、まさに細胞内のCD水のことを指しています。

この場合、タンパク質は、通常の球状の形（基本形は、アルファヘリックス（α-helix）かベータ・シーツ（β-sheet）から構成させる）ではなく、コイルが伸びたような形をとります（タンパク質の形を伸長させることを「induction（誘導）」と表現している）。コイル状に伸展したタンパク質は、電荷を持ったアミノ酸のカルボキシル基（-COOH）が表面に露出することで、細胞内の水およびナトリウム、カリウムあるいはカルシウムイオンと結びつきあいます[216]。細胞内のタンパク質は、細胞内水、ミネラル、ATPを吸着（absorption）することで、その構造の変化が誘導（induction）されるために、英語で「absorption-induction theory：AI theory」と呼ばれているのです[217]。

ATPの働きは、細胞内の水の整列作用

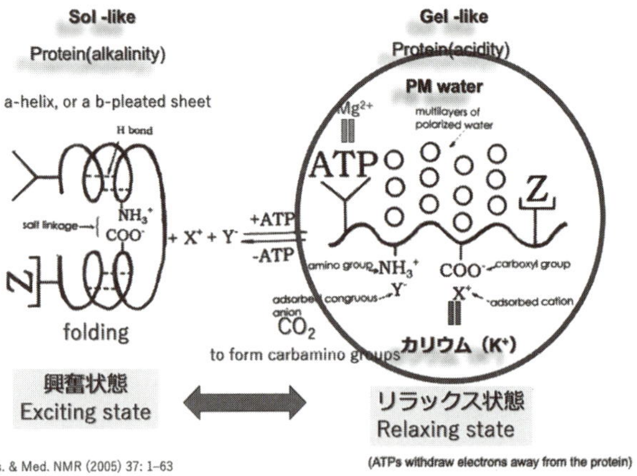

Physiol. Chem. Phys. & Med. NMR (2005) 37: 1–63

この状態を**ゲル状態（gel state）の細胞**、あるいは**リラックス状態の細胞**と表現しています（タンパク質と水が結合し、液晶状態になっている）。糖のエネルギー代謝が低下すると、バルクの水（通常の塊の水）のように水分子は、整列状態からランダムに存在するようになります。これを**ゾル状態（sol state）**あるいは、**興奮状態**といいます。**ゲルはゾルという液体状のものが固まったもの**と考えるとイメージしやすいでしょう。このリンの研究を土台にして、「**ゲル－ゾル仮説**（gel-sol-hypothesis：GSH）」を提唱したのが、ポラック（Pollack GH）です[218]。さらに、リンの理論は、ソビエトのマトヴェーエフ（Matveev）の「自然タンパク質凝集理論（Native Aggregation Hypothesis：NAH）」のもとになります[219]。

リンの提唱したリラックス状態は、ポラックのゲル状態であり、「**フレーリッヒ状態**（Fröhlich state）」とも呼ばれます[220]。**リッラクス（ゲル）状態 → 興奮（ゾル）状態 → リッラクス（ゲル）状態と、周期的に繰り返す生命現象こそが、生命の振動や周波数の正体**です。この状態の変化を「**フレーリッヒ波**（Fröhlich wave）」と呼んでいます[221]。

さらに、このリンの理論をもとにして、細胞内の水の状態の違いを画像に反映させたのが、みなさんもご存知の「**磁気共鳴画像法**（MRI）」です[222]。ガン細胞では、細胞内水が整列していないため、磁場をかけると、水分子のスピンの変化に差が出ます。この差が、MRI で可視化できるのです。

糖のエネルギー代謝を司る酵素や誘電場の形成(膜電位)なども、細胞内の水の状態によって影響を受けることが複数の細胞実験によって判明しています[223][224][225][226]。これらの実験では、温度を高めるとさらに細胞内の水の極性（整列）が高まることが示されています。これは、熱という近赤外線による誘電場（エネルギー貯蔵）形成による水の整列効果です。このように細胞内の水の状態(整列し、タンパク質と結合したゲル状態）が細胞の運命を決める重要な働きをしているのです[227]。

細胞の糖のエネルギー代謝がストップする（あるいはATPの放出がある）と、細胞内にバルク（塊）の水が入ってきて細胞内が水膨れします（細胞内の「PM水：細胞内の構造（CD）水」がなくなるために、水を弾かなくなるからです)。収縮する筋肉が肥大するのも、筋肉細胞にバルクの水が入るからです。この興奮状態が継続すると、細胞内のタンパク質の水との結合がなくなるために、細胞内タンパク質が凝集しはじめます。それに伴ってこの細胞内のバルクの水は細胞外に漏出し、硬い縮小した細胞へ変化していきます[228][229][230]。この状態は、病理学という分野で、「**線維化**」と呼んでいるものです。筋肉では「**死後硬直**（rigor mortis)」と呼ばれるものです。

ATPの最も重要な特性は、その非常に小さなエネルギー容量です。ATPがADPとリン酸(P)に加水分解されると、1molあたりわずか10kcalしか放出されません。したがって、人間の生体に1日のエネルギーを供給するためには、72molの高エネルギーATPを合成する必要があります。

しかし、各 mol の質量は 506g です。

この場合、**毎日 506 × 72 = 36,432g の ATP を合成する必要があります**。誰もこの ATP 質量の再生を計算したことがなかったのは興味深いことです。ATP 質量の再生が 1 日あたり 36kg におよぶことが示されています [231]。これは、成人男性の体重の半分以上に相当します。比較生理学に適用すると、非常に驚くべき数値が得られます。

たとえば、ウサギでは 1 日あたりに合成される ATP の質量は動物の体重にほぼ等しくなります。ネズミでは体重の 2 倍に相当します。小型のネズミでは体重の 10 ～ 12 倍になります。これだけの ATP 量がつくられているわけではないことが、体重計に乗るだけでわかります。また、私たちの組織の細胞は完全には ATP を利用できません。**ATP のエネルギーを使用する作業の効率は約 50%**です [232]。

この場合、実際に破壊される分子の再生、細胞の正常な組成の維持、心臓、肝臓、肺の働きのために使用されるエネルギーは 360kcal、つまり人間が消費する総エネルギーの約 5 分の 1 です。これは、生体の総エネルギー学において非常に重要な事実です。この事実は、1 日のエネルギー消費量が 1,800kcal であることを考慮すると、生体のエネルギー効率が比較的低く、約 15 ～ 18%しかないことを示唆しています。

それでは、糖などの栄養素以外にも、私たち動物の体内でエネルギーを生み出すものが存在するのでしょうか？

Column

メラニン色素はとても重要

ヒトにおいて、メラニン色素が体内のエネルギー産生に非常に重要な役割を持っていることが、未熟児網膜症（Retinopathy of prematurity：ROP）の研究から明らかにされています[233][234]。眼底にある脈絡膜（みゃくらくまく）は、網膜の下に位置する組織で、網膜に栄養と酸素供給を行っていることが現代医学の教科書にも掲載されています。

脈絡膜の静脈では酸素分圧が94%であり、ほかの組織の静脈の酸素分圧は約60%です。この高い脈絡膜静脈に存在する酸素の量が血液循環だけでは説明できないため、それが脈絡膜自体で生成されていることは明らかでした。脈絡膜は、メラニン色素が非常に豊富な組織です(皮膚より40%も多い)。このメラニン色素は、太陽光だけでなく、低周波～ガンマ線までの高周波のすべての電磁波（誘電磁場）を吸収し、そのエネルギーで水を水素と酸素に分解する過程で、エネルギーをつくり出すことがわかったのです。実際は、水素はエネルギーそのものであり、宇宙のエネルギーの運搬役です。メラニン色素は太陽光などの誘電磁場を体内に使用できるエネルギーに転換していたのです。

ちなみに、植物のクロロフィルは、メラニンと同じくエネルギーを生み出しますが、光合成のときに太陽光しか吸収できません。メラニンは、5GやX線などの身体に悪影響をおよぼす電磁波のエネルギーでさえ吸収することができます。メラニンは、エネルギーを育む球体のようにエネルギーを放出し拡散します。おそらく、このメラニンが生成したエネルギーも、体内の水のコヒーレント・ドメイン（CD）に捕捉され、充電されていると推測されます。

早産児に起こる未熟児網膜症は、酸素の過剰投与によるものとされています。これは、酸素の投与によって、メラニンの水の分解（による酸素産生）が抑制されて、網膜のエネルギー不足および水分貯留による浮腫が起こるからです[235]。実際に低出生体重児において、メラニンの少ない白人のほうが黒人よりも高い割合で、重症の未熟児網膜症が起こります[236]。これは、白人のほうが脈絡膜のメラニン含有量が少ないからです。

興味深いことに、メラニン色素の少ない白人のほうが、黒人よりミトコンドリアの量が多いことがわかっています[237]。これは、メラニンによるエネルギー産生が少ない分をミトコンドリアの数でカバーしていると推測できます。人間はかすみを食って生きていけない存在ですが、インドのヨギの逸話にあるように、メラニンと水の誘電場のエネルギーだけでしばらくの間は生きることができるかもしれません。

Chapter3

04 水のCDに蓄えられる「質の高い」エネルギー

ATPの代替エネルギー源として有望なのは、コヒーレント・ドメイン（CD）と呼ばれる体内の水に形成される誘電場です。水のコヒーレント・ドメイン（CD）は外部から供給されるエネルギーをコヒーレントな渦（vortex）の形で蓄えます。これらの渦はコヒーレンス（渦流の内側は摩擦がなく温度が低下するので、熱としてエネルギーが失われない）のために長持ちし、エネルギーの恒常的な流入により渦が蓄積され、それらがあわさってひとつの大きな渦を形成します。この渦のエネルギーは、あわさった各興奮の部分エネルギーの合計になります。このようにして、水のCDは、かなりの量のエネルギーを蓄えることができます[238][239]。つまり、ボルテックスを形成する水分子集団（コヒーレント・ドメイン：CD）は、外部の誘電磁場に沿って並び、大きなボルテックスとなります。

“質の低いエネルギー（熱として散逸）”は、“質の高いエネルギー（摩擦がなく散逸がない、誘電場への加速：long lifetime of the coherent excited states）”へと変換されます[240]。

現在の原発や化石燃料による爆発を利用したエネルギー産生は、熱としてその大部分を失う（散逸する）ため、非常に質の低いエネルギー形態です。その一方で、排水口に引き込まれるボルテックスの水（“誘電場への加速”の比喩）は、摩擦がなく、熱としてエネルギーを失うことはありません。CDに蓄えられたエネルギーは摩擦がないため、熱となって散逸することがない非常に質の高いエネルギーなのです。この水のCDの集団こそは、摩擦によって熱となって喪失しない長持ちする「質の高いエネルギー」の源です。現代のエネルギー（原発、化石燃料など）は、摩擦熱となってエネルギーの一部が失われるだけでなく、汚染物質を発生させる「**質の悪いエネルギー**」です。

シャウベルガーが取り組んだフリー・エネルギーとは、このCDに典型的に認められる「質の高いエネルギー」のことです。

驚くべきことに、**コヒーレント・ドメインを形成する水分子のボルテックスは摩擦がないため、熱としてエネルギーが失われず、数カ月〜数年の寿命を持ちます**[241][242]。

□ コヒーレント・ドメインを形成する水分子のボルテックスはエネルギー蓄積形態として長寿命である

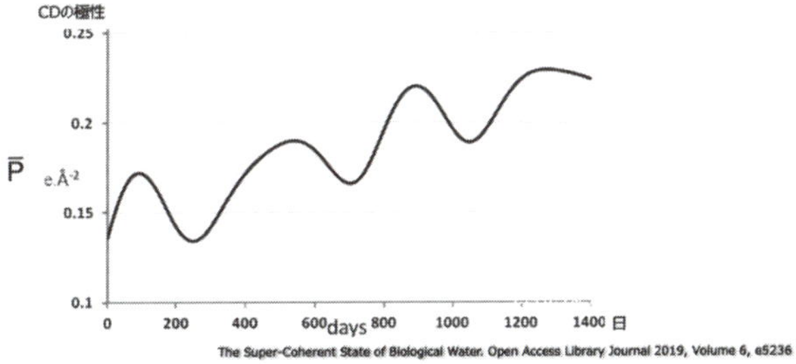

コヒーレント・ドメイン（CD）を形成する水分子のボルテックスは極性（プラスとマイナスの分離＝誘電場）構造を維持している。その極性構造の維持は、数ヶ月〜数年の寿命をもつ

このようにして、質の高いエネルギーを蓄積した水に形成される誘電場（CD の集団）は、「**コールド・ボルテックス**（cold vortices）」と呼ばれています [243]。

水の中に形成される CD（コールド・ボルテックス）は、90 年以上も前に、ハンガリーのサイエンティストであるアルベルト・セント＝ジョルジ（A. Szent-Gyorgyi）によって予測されていたものです [244][245]。彼は、この水の CD（コールド・ボルテックス）に蓄積したエネルギーが私たちの体内におけるさまざまな生体反応（酵素反応など）の源であることを予測していました。水の CD（コールド・ボルテックス）は外部環境（誘電磁場など）および太陽光からエネルギーを受け取り、そのエネルギーを蓄積し、ボルテックスをつくって潜在的なエネルギーを増加させます [246]。

体内の反応は、水のCDを介して行われる 05

共鳴する分子は互いを引き寄せるだけでなく、相互作用の精度を高めることができます。たとえば、マクロ分子が同じ機能を持つ場合、同じ振動周波数を共有していることが示されています[247]。すべての分子は固有の振動周波数スペクトルを持っています[248]。その分子の周波数がコヒーレント・ドメイン（CD）の周波数と一致すれば、その分子はコヒーレント・ドメイン（CD）に引き寄せられ、コヒーレントな振動に参加し、化学反応が起きやすくなります[249][250][251]。

これをわかりやすい例で説明していきましょう。水のコヒーレント・ドメイン（CD）は誘電率がバルクの水よりも10倍以上高いことから、物質を引きつけやすい性質（誘電場への加速現象）を持っています。コヒーレント・ドメイン（CD）は、弾性布の上に生じた凹み（ポテンシャル井戸、最小基底レベルのエネルギー状態）にたとえられます。その**弾性布の上に置かれたビー玉（分子、物質）は互いに十分に近い（すなわち、十分に密集した）とき、自身の重さで生じた凹みに集まり（CDとの共鳴現象）、互いの間に明確な引力が存在しなくても集まります**。ビー玉（分子、物質）は、コヒーレント・ドメイン（CD）へ加速して集まることで、化学反応が容易になるのです。

したがって、従来の仮説のように、**私たちの生体内のさ**

まざまな反応にATPは必要ありません。

□ コヒーレント・ドメイン（誘電磁場共鳴構造、CD）はポテンシャル井戸にたとえられる

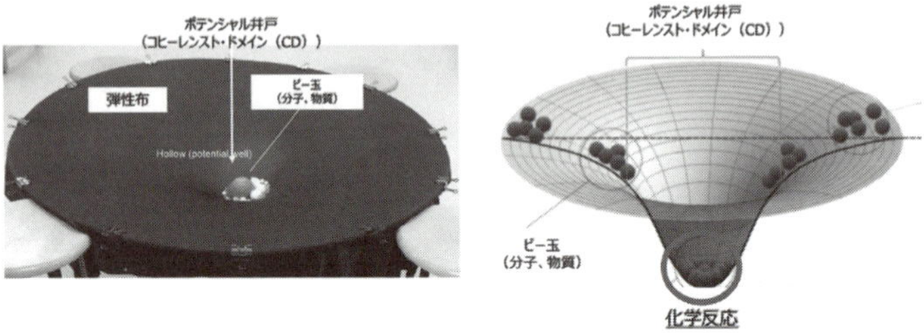

私たちの体内・細胞内でのさまざまな化学反応は、水のコヒーレント・ドメイン（CD）を介して行われる。そこには、ATPの存在は必要ない

水のコヒーレント・ドメイン（CD）が、ATPの産生量では絶対的に不足する、私たちの生命活動のエネルギー源だったのです。特に太陽光のエネルギーを水のコヒーレント・ドメイン（CD）に蓄積し、これを生体分子の反応に使用しています。ATPが「糖のエネルギー代謝」の産物である一方、水のコヒーレント・ドメイン（CD）に蓄積されるエネルギーは「太陽のエネルギー代謝」の産物といえます。分子間に存在する力（ファンデルワース力）と考えられているものは、弾性布の底にある凹みに位置するビー玉を引き離そうとしたときに経験する「見かけ上の力」にすぎません。この“分子間力”はビー玉の間に本質的に存在する“力”ではなく、ビー玉がコヒーレント・ドメイン（布の凹み）に加速して集まることによって見かけ上発生する現象（属性）です。そして、この分子を引き寄せる

加速度は、誘電率、つまりCDの蓄電率（ポテンシャル井戸の深さ）に依存しています[252]。

さて、このCDによる化学反応を「エーテル統一理論」で説明してみましょう。水には、コヒーレント・ドメイン（CD）という構造化された部分と構造化されていないバルクの水があることをお伝えしました。このCDとバルクの水の間には、50～100 mVの電位差があります[253][254]。**電位差があるということは、高い電位（CD）から低い電位（バルクの水）へとエネルギーのフローが起こる可能性がある**ということです。CDはポテンシャル井戸にたとえられる誘電場であり、そのボルテックス構造に十分な蓄電が起こると、そのエネルギーを磁場として放出します。**磁場は、“力”や“運動”とイコール**です。その磁場の力や運動によって、生体分子同士の化学反応（タンパク質の折りたたみ、酵素反応、水素伝達など）が起こるのです[255][256][257][258][259][260]。最終的に、水はそのCDとそれに伴う誘電磁場によって、特定の分子間で化学反応が正確に起こる機会を提供し、ほかの分子との反応を防ぐ役割を果たします[261]。特定の時点で、CD内では適切な固有周波数（共鳴周波数）を持つ分子だけが互いに遭遇できるのです。このCD水の共鳴現象は、前述した、「フレーリッヒ凝縮（Fröhlich condensation）」そのものです。その分子たちの化学反応によってCD自体の周波数も変化するため、このCDは新たな分子を引き寄せること（共鳴）ができるようになり、結果として次の化学反応（二次反応段階）を可能にします[262]。

現代サイエンスが教えているように、細胞内の分子がランダムに混ざりあって化学反応が起こるというような「確率論」で生命は営まれていません。そのような悠長でいつはじまるかもわからない確率論では、素早く対応しなければならない緊急時に間にあいません。たとえば、熱湯に手を突っ込んだときに、直ちに手を引っ込める反応をしないと、手の皮膚は重度の熱傷になります。**私たち生命体の生体反応は、すべてCDが織りなす「目的論的」な反応**なのです（世俗の宗教が説く「決定論」でもない）。

□ エーテル統一理論によるCDの化学反応

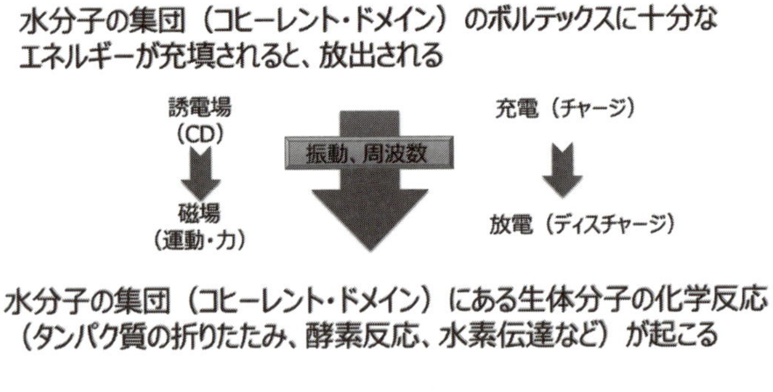
水分子の集団（コヒーレント・ドメイン）のボルテックスに十分なエネルギーが充填されると、放出される
誘電場（CD）
磁場（運動・力）
振動、周波数
充電（チャージ）
放電（ディスチャージ）
水分子の集団（コヒーレント・ドメイン）にある生体分子の化学反応（タンパク質の折りたたみ、酵素反応、水素伝達など）が起こる

宇宙においても、CD水のエネルギーを見ることができます。宇宙の塵に含まれる構造化されたCD水は「**宇宙背景放射**（cosmic background radiation）」に寄与しているのです[263]。

□ 宇宙のコヒーレンス・ドメイン（CD）水

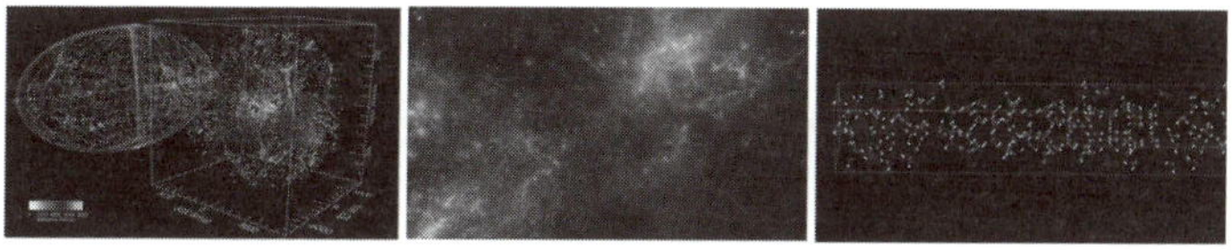

宇宙の塵に含まれる構造化されたCD水は宇宙背景放射
（cosmic background radiation）に寄与

Column

動物の細胞も光合成を行う

2024年に哺乳類の細胞（ハムスター由来の細胞）に葉緑体（藻類由来）を取り込ませて、光をあてた実験結果が報告されました[264]。哺乳類の細胞は最大で45個の葉緑体を取り込み、少なくとも2日ほどは分解が進まずに葉緑体の形が保たれていたといいます。この哺乳類の細胞において、光合成の初期反応が確認されたといいます。さらに水分子が分解され、酸素が生じていることも確認されたようです。

これは、まさに光が哺乳類の細胞内のCD水にエネルギーを与え、水呼吸が起こっていることを示すものです。哺乳類の細胞に取り込まれた葉緑体が光をエネルギーに転換したのではありません。太陽光からエネルギーや生体分子を産生する“場”は、取り込まれた葉緑体ではなく、私たちの体内（細胞内）の“CD水”です。

06 低周波の刺激によってCDが共鳴する

CD水とバルクの水の間の電位差は、エネルギーにすると0.2eVの差になります[265]。外部からの刺激（誘電磁場）が、この電位差内であると、CDはその刺激に共鳴します。地球の周波数と呼ばれているシューマン共鳴である7.85Hzの超低周波は、水の構造を増強します[266][267][268]。蒸留水に低周波（75Hz）の誘電磁場をかけると、水が構造化することが実験的に示されています[269]。

□ 蒸留水に低周波の誘電磁場をかけるとEZ（CD）化する

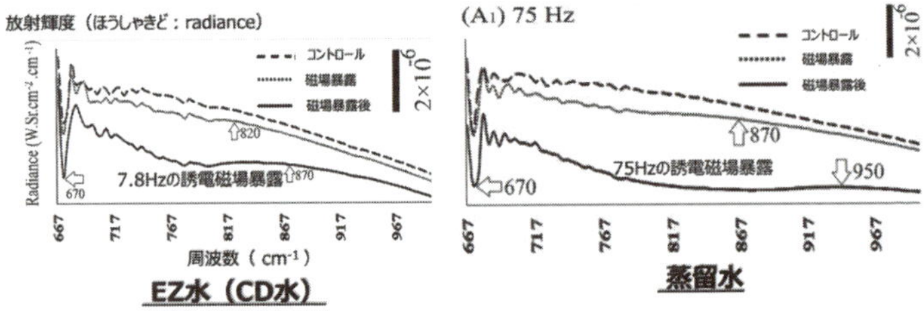

〈シューマン共振〉地球の地表と電離層との間で誘電磁波が共振している。基本となる周波数は7.8Hz

蒸留水に低周波の誘電磁場（75Hz~）をかけるEZとよく似た放射線輝度になる

1～300 Hzの非常に低い周波数（ELF）は水と共鳴し、その構造を増強します[270][271][272][273]。1～10GHzの範囲でも、超低周波を照射した水のほうが、比誘電率が平均で3.7%高いことが示されています[274]。比誘電率が高くなるということは、水の中にCD構造が増えることを意味しています。このようにCDが低周波の誘電磁場と共鳴するのは、「**構成的干渉**（constructive interference：2つの波が同位相で重なりあうとき、波の振幅が相互に強めあい、より強い波となる）」という現象のひとつです[275]。

□ ギガヘルツの範囲でも低周波のほうが水の誘電率をアップさせる

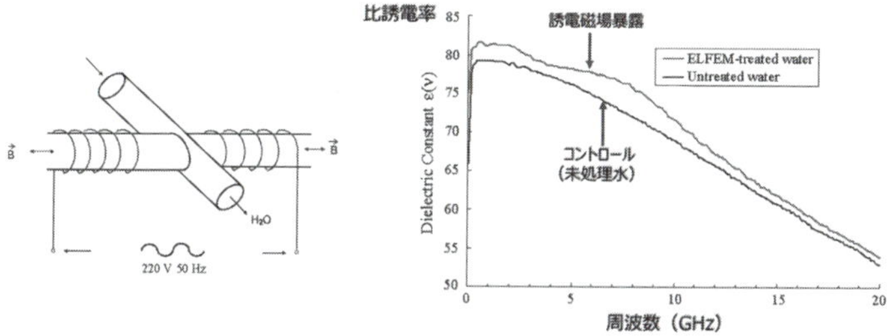

1～10GHzの範囲では、超低周波を照射した水のほうが、比誘電率が平均で3.7%高い

CDが低周波領域の刺激（誘電磁場）で共鳴する理由は、CDとともに形成されるヒドロニウムイオン（H_3O^+）が7.85 Hzのシューマン振動で共鳴することが挙げられます。ヒドロニウムイオン（H_3O^+）は、CD領域から放出される水素がバルクの水と反応して形成されるイオンです。また水の水素結合は、74 THzです。したがって、低エネルギーの低周波（Hz to GHz）を繰り返し照射（repeated electromagnetic stimulation：REMFS）すると、水分子間の水素結合を再編成（水素結合が共鳴）し、水を構造化します[276][277]。実際に、水に微弱な磁場をかけると、CD

水（構造水）の特徴である pH の上昇が認められます [278]。

■ 水に微弱な磁場をかけても pH が上昇

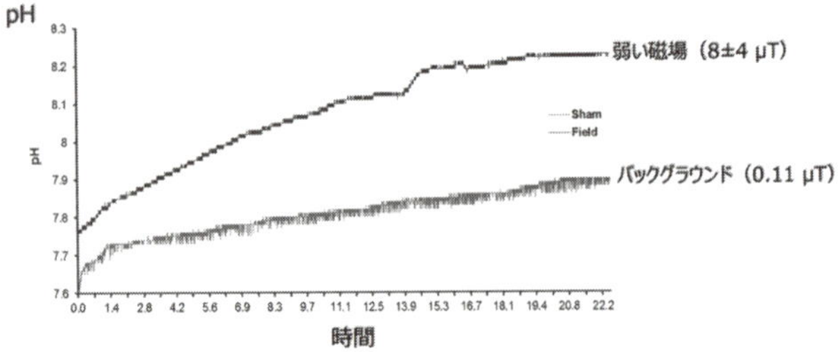

湧水50mlに弱い磁場をかけると、7~8時間後には水中のpHが0.5~1上昇した

Serial pH Increments (~20 to 40 Milliseconds) in Water During Exposures to Weak, Physiolog- ically Patterned Magnetic Fields: Implications for Consciousness. WATER 6, 45-60, March 25th 2014.

一方で、CD とバルクの水の間に形成されている電位差以上の外部刺激（高周波の誘電磁場）であれば、CD は共鳴することができず、その構造の一部がバルクの水（非CD）へと戻ってしまいます [279]。特定の周波数範囲を超えると信号の伝送が難しくなる現象を「**周波数障壁**：Frequency barrier、Propagation barrier」といいます。私たちの体内の水の CD も、この周波数障壁を持っているということです。高エネルギーの高周波（＞ THz）を繰り返し照射（repeated electromagnetic stimulation：REMFS）すると、CD が共鳴する時間がなく、破壊される可能性が高まります [280]。CD が高周波の誘電磁場によって破壊されるのは、「**破壊的干渉**（destructive interference：2 つまたはそれ以上の波が互いに重なりあったときに、波の振幅

（逆位相）が減少または完全に打ち消される）」という現象のひとつです。

実際に、周波数が特定のギガヘルツ範囲（2.4 GHz、51 GHz（5G：20 ～ 60 GHz））に増加すると水の構造が減少します[281][282][283]。**携帯や Wi-Fi などで使用される 5G のギガヘルツの周波数は、確実に私たちの体内の水の CD 構造を破壊していく**のです。

Chapter3

07 CD 内の水呼吸

CD 水内で起こっている化学反応を見ていきましょう。CD 内では、水の分子が太陽光やミトコンドリアの熱エネルギーによってイオン化し、再び水に再結合するまでに大量の活性酸素が発生し、エネルギーが放出されます[284]。この**水の分解→再結合のサイクルを「水呼吸（water respiration）」と呼びます**。したがって、活性酸素種が環境の変化に対応する情報伝達や調整として作用するといわれているのは、この水呼吸の過程で発生し、エネルギー放出によって生体反応が進むからです。

水のコヒーレントドメイン（CD）は、12.06 eV でエネルギー化されます。この CD に蓄積されているエネルギーは、水分子のイオン化閾値（＝ 12.6 eV）のわずか 0.54 eV 下です[285][286]。CD 水は、太陽光やミトコンドリアから生成される赤外線波長の熱を受け取り、捕捉し、蓄積して容易に 12.06 eV のエネルギーレベルに到達します。780 ～ 2,500nm の近赤外線の波長範囲は、エネルギーに換算すると約 1.59 ～ 0.50 eV です。赤色光（約 680 nm）のみでも 1.8 eV のエネルギーの追加になり、水分子のイオン化するエネルギー閾値の 12.6 eV を超えます。

CD 内のエネルギーが 12.6 eV を超えると、次頁のように水の分子のイオン化が開始します。

$$2H_2O + h\nu \rightarrow 2H_2 + O_2$$
$$H_2O \rightarrow 2H^+ + 2e^- + O$$

この場合のhvは、赤外線などの追加エネルギーです。

上図にあるように反応が進行し、活性酸素種が発生します。そして最終的に水に戻ります[287][288][289]。

このCD内の水呼吸は、ミトコンドリアでの糖のエネルギー代謝（糖の完全燃焼）でも行われているものです。ミトコンドリアでのエネルギー生成は、水がプロトン（H^+）と水酸化イオン（OH^-）に分解され、熱を産生し、酸素と結びつくことでATP（が生成されます。この過程で、水は分解・再結合を繰り返し、最終的に水として再び細胞内に戻ります。**ミトコンドリア内膜に結合したCD水内では、CDの水呼吸によるエネルギーを使って水素の伝達がスムーズに行われることで、熱産生やATP合成が進む**のです。

CDの状態にある水は、通常のランダムなバルクの水よりもエネルギー効率が高く（CD内の水分子は共鳴しやすく、外部からのエネルギー（光や熱）を吸収しやすい）、水呼吸によってプロトン（H^+）の輸送がスムーズに行われるため、効率的なエネルギー生成だけでなく、細胞内での信号伝達や代謝活動が安定して行われるのです。

Chapter3

08 最小刺激の原理：バタフライタッチ療法

従来の医学や心理学では、生物の反応は外部からの刺激の大きさに比例するという考えが主流でした。

たとえば、医療分野では、通常、強い薬や物理的な治療法を使用し、心理学においても強い行動的な介入が求められます。しかし、エヴァ・ライヒ（Eva Reich）は、父であるヴィルヘルム・ライヒ（Wilhelm Reich）の研究を引き継ぎ、微小な刺激が組織の自己組織化能力を最大限に引き出すという「**最小刺激の原理**」に基づいた治療法を開発しました。それを「**バタフライタッチ療法**（Butterfly Touch Therapy）」といいます[290]。

19世紀半ば、古典的生理学では、ウェーバー・フェヒナー（Weber-Fechner）の法則がすべての生体に対して有効であることが証明されました。この法則は、反応が刺激そのものではなく、その刺激の対数に比例することを示しています。

「最小刺激の原理」は、ウェーバー・フェヒナー（Weber-Fechner）の法則に関連しており、刺激と反応の関係を定量化するものです。この法則によると、反応は刺激の大きさの対数に比例し、刺激が閾値を超えると外向きの反応を引き起こし、刺激が閾値以下になると自己組織化が起こります。これにより、外的刺激が小さくなるほど、内向きの反応、つまり自己修復や再組織化が促進されるとされます。

1977年にノーベル化学賞を受賞したイリヤ・プリゴジン（Ilya Prigogine）は、生命は環境との平衡系（静的あるいは動的平衡のいずれでもない）ではなく、非平衡の散逸構造（dissipative structures）であることを喝破しました。これは、簡単に説明すると、**生命は閉じたシステム（平衡系＝死体と同じ）ではなく、環境に開かれたオープンシステム（散逸構造）であり、環境によって内部構造（体内の状態）を再編成しながら、新しい秩序をつくっていくものである**ということです。プリゴジンによれば、外部環境との共鳴関係は、私たちの内部にすでに存在するエネルギー（CD水にあたる）を再配置することによって成り立つと考えました[291]。生命体の動きは、外部からのエネルギーを必要とする動きではなく、外部との共鳴現象によって内部エネルギーの再構成に基づいて行われるということです。このような生命現象を説明するパラダイムシフトは、ライヒの「最小原理の法則」の基盤となりました。

エヴァ・ライヒの「バタフライタッチ療法」では、非常に軽い接触を用いて、施術者と患者の体内の振動数が共鳴することを目指しています。これは、エネルギーの伝達ではなく、振動のリズムを伝えるもので、オーケストラの指揮者が楽団の演奏を調整するように、患者の内的リズムを調整することを意味します。**この共鳴が成立すると、身体の自己修復プロセスが活性化され、エネルギーブロックが解消され、自然なリズムが回復されます**。

たとえば、母親の穏やかな呼吸のリズムが赤ん坊の泣き声を鎮めるのと同じように、**バタフライタッチを用いるこ**

とで、生体の自然な調和を取り戻すことができるとされています。したがって、現代医療や心理学が提供するような、薬・手術・放射線や行動療法などの強い刺激介入は必要ありません。

この療法の生みの親は、精神分析家のフロイト（Sigmund Freud）の弟子であったウィルヘルム・ライヒ（Wilhelm Reich）です。彼は、**生命体の活力を支える根源的なエネルギーを「オルゴン（orgone）」と定義**し、それが物理的、精神的な健康と密接に関連しているとしました。彼はこのエネルギーが体内で自由に流れるときに心身の健康が保たれると考え、逆にエネルギーの滞りやブロックがあると病気や精神的な障害が発生すると主張しました[292]。

ライヒの理論と実践は、多くの議論を巻き起こし、特にアメリカでは彼の活動は異端と見なされ、最終的にはFBIによる捜査と裁判の対象となり、1956年には彼の著書や研究資料が焼却される事件（オルゴン裁判）が起こりました。ライヒ自身も投獄され、1957年に獄中で亡くなっています。

この最小刺激こそは、CD水が共鳴する低周波刺激のことです。強すぎる刺激は、CDを破壊してしまいます。細胞内のタンパク質あるいは、細胞外間質のコラーゲンなどのタンパク質には、CD水が結合しています。

このようにして、**私たちの身体はCD水によって全身の“気”が貫かれています**。CDが破壊されると、生体反応が止まるため、私たちの生命活動が滞ります。まさにその“気”が通らなくなるため、さまざまな症状や病態と呼ばれるものとなって出現します。ライヒのオルゴンとは、まさに私たちの体内のCD水のことだったのです。

以上から、**私たちの心身の回復には、ちょっとしたきっかけだけで十分**であることがわかります。その**最小刺激で体内にCD水がつくられることによって、必要な生体反応が再開されます**。**これを「自然治癒」と呼ぶ**のです。

自然治癒とは、自ら内部の力を再編成して新しい秩序を創り出すことです。外からの大きなエネルギーで症状を抑圧したり、消失させたりする現代の「力」に頼る手法は、私たちの内部の自然治癒機構をむしろ破壊してしまいます。

Chapter4

構造（CD）水の実際の応用

Chapter4

01 体内の構造水（CD水）と老化

前述したよう、**ほとんどの動物は平均して20～30%の体内の構造水（CD水）である「生物学的構造水（BSW）」水を含みます**。私たちの体内のCD水は、主にタンパク質、多糖類など、生体分子に結合しています。

加齢とともに、身体全体の水分量および細胞内水分量が減少していきます[293]。そして、生体分子に強く結合した水（CD水）の含有量も加齢とともに減少します[294][295]。

細胞内水（ICW）含有量の減少は、**細胞外水（ECW）**含有量よりも加齢とともに速く進行し、ECW/ICW比の増加は70歳以降に加速します[296]。これは、老化に伴って、細胞内の構造水（CD水）が放出されて、細胞外のバルクの水へ移行することを示しています。**老化は、細胞内にバルクの水が増えて、構造水（CD水）が減少する状態**といえます[297]。

筋肉細胞内でも、加齢が進むほど構造水（CD水）を豊富に含む細胞内水分が減少していきます[298][299][300]。そして、筋肉の細胞内水が減るほど、筋力、機能的能力が低下し、脆弱性が増します[301]。

□ 筋肉の細胞内水が減ると筋力や機能的能力が低下する

Intracellular Water Content in Lean Mass is Associated with Muscle Strength, Functional Capacity, and Frailty in Community-Dwelling Elderly Individuals. A Cross-Sectional Study. Nutrients. 2019 Mar; 11(3): 661.

さらに、四肢の筋肉内の細胞内水分量が減少していくほど、男女とも総死亡率が上昇していきます[302]。

□ 四肢の細胞内水分量と死亡率の関係

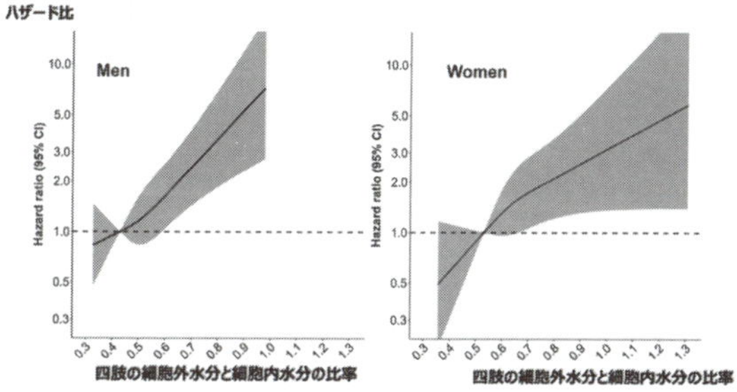

男女ともに 四肢の細胞内水の減少は、全死亡率の上昇と関連

※ハザード比（hazards ratio）は、ある要因がイベント（例えば病気の発症や死亡）に与える影響を、比較対象のグループと比べて示す統計指標。
ハザード比が1より大きい場合は、その要因がイベントのリスクを増加させることを意味し、1より小さい場合はリスクを減少させることを意味する

Association Between the Appendicular Extracellular-to-Intracellular Water Ratio and All-Cause Mortality: A 10-Year Longitudinal Study. J Gerontol A Biol Sci Med Sci. 2024 Feb 1;79(2):glad211. doi: 10.1093/gerona/glad211.

骨においても、加齢とともに構造水（CD 水）が失われていきます。骨においては、コラーゲンやミネラルに構造水（CD 水）が結合しています。この骨の構造水（CD 水）が減少するほど、骨の強靭性が低下していきます [303]。

□ 骨の構造水（CD 水）は加齢に伴って減少

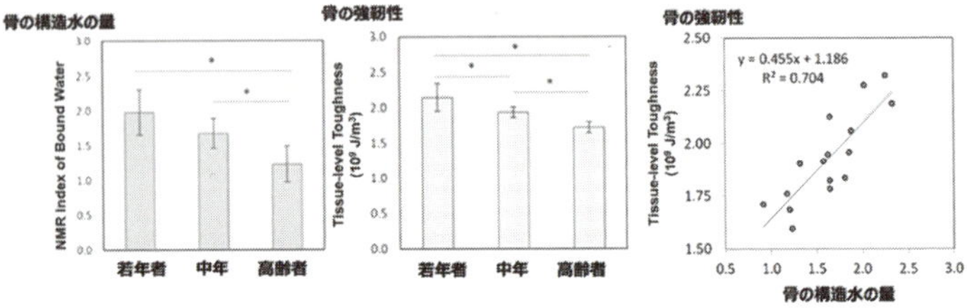

骨の構造水が減少するほど、骨の強靭度が低下

Age-related deterioration of bone toughness is related to diminishing amount of matrix glycosaminoglycans (Gags) JBMR Plus. 2018;2(3):164-173.

□ ヒトの前腕骨の構造水と骨の強度の関係（MRI 計測）

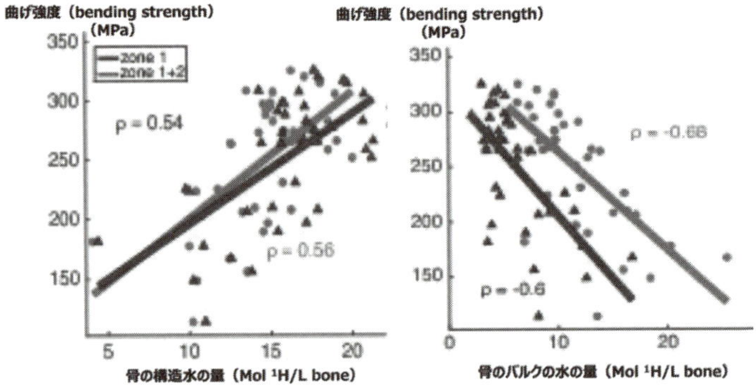

骨の構造水が減少するほど、骨の曲げ強度が低下

MRI-derived Bound and Pore Water Concentrations as Predictors of Fracture Resistance. Bone. 2016 Jun; 87: 1-10.

加齢現象である骨粗しょう症や脆弱性骨折のいずれも、構造水（CD水）の減少が認められています[304]。

□ ヒトの骨粗鬆症・骨折との構造水の関係（MRI計測）

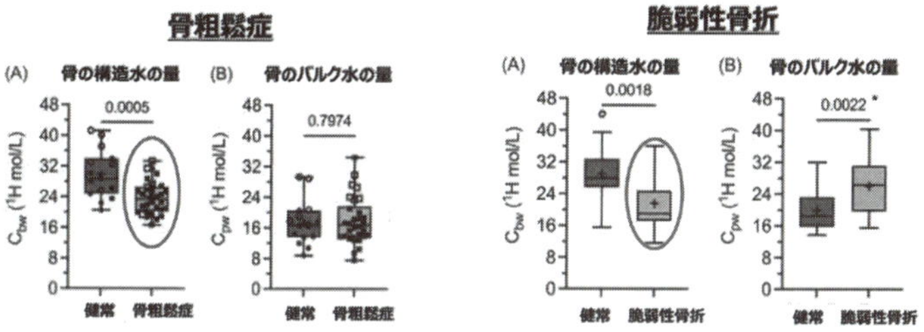

骨粗鬆症、脆弱性骨折のいずれもが骨の構造水が減少している

Toward the use of MRI measurements of bound and pore water in fracture risk assessment. Bone. 2023 Nov;176:116863. doi: 10.1016/j.bone.2023.116863.

脳組織においても、若年者の脳のほうが高齢者よりも構造水（CD水）が多いことがわかっています[305]。脳（海馬）の構造水（CD水）減少では、健忘性軽度認知障害からアルツハイマー病（AD）への進行リスクが高くなることが報告されています[306]。

目の水晶体（レンズ）も加齢に伴って構造水（CD水）が減少してバルクの水が増えていきます[307]。白内障は、水晶体の構造水（CD水）の喪失によってタンパク質の凝集が起こることで発生します[308][309]。タンパク質の構造水（CD水）が減少すると、そのタンパク質はほかのタンパク質と結合して塊（凝集）をつくりやすくなります[310][311]。レンズのタンパク質の構造水（CD水）減少によって凝集が起こり、レンズに異常タンパク質が形成されることで、視野が濁って見えるのです。

□ 白内障は、水晶体の構造水（CD 水）の喪失によってタンパク質の凝集が起こることで発生

タンパク質の凝集が起こり、レンズに異常タンパク質が形成されることで、視野が濁って見える

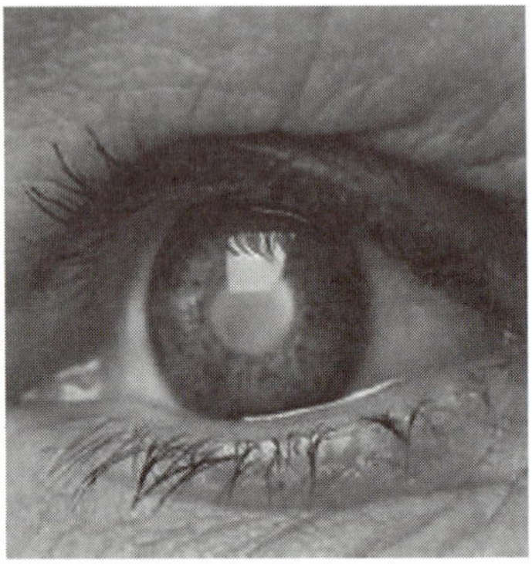

皮膚も老化に伴って、構造水（CD 水）が減少していきます[312][313][314]。構造水（CD 水）になると表面張力が低下します。**表面張力とは、液体の表面が可能なかぎり小さな面積を取ろうとする力**のことです。液体内部に引っ張られる力が強くなり、表面を小さく保とうとします。この力により、液滴（えきてき）が球状になります。加齢に伴い皮膚の水分の構造水（CD 水）が減少して表面張力が高くなると、水が皮膚に拡がることができなくなります。**若い人の皮膚に潤いがあるのは、構造水（CD 水）によって表面張力が低下し、皮膚全体に水が行き渡るから**です。

☐ 肌の潤いは、構造水（CD 水）による表面張力の低下が鍵

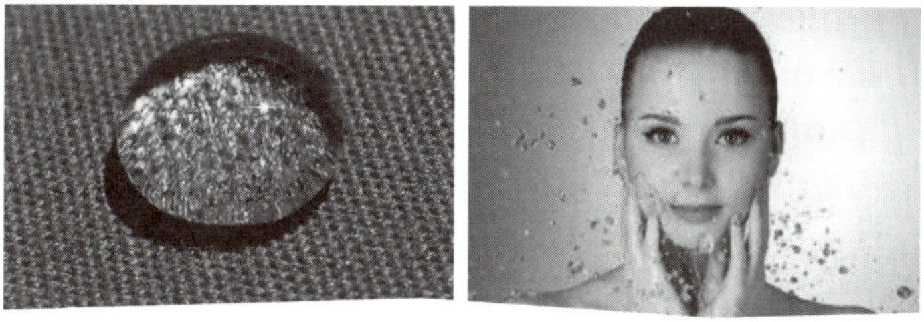

潤い、瑞々しさ（wettable）は、構造水（CD水）の表面張力低下作用による

Surface tension in human pathophysiology and its application as a medical diagnostic tool. Bioimpacts. 2015; 5(1): 29–44.

カエルなどの両生類は、水のない乾燥地帯でも見かけることがあります。両生類は、皮膚表面に構造水（CD水）をキープできる「ムコ多糖類（Mucopolysaccharide：MPS）」が豊富です。そのため、乾燥した環境でも皮膚が乾くことがありません[315]。

そして、目の白内障と同じことが皮膚にも起こります。皮膚のタンパク質の構造水（CD 水）が減少すると、タンパク質同士が結合して塊（凝集）になりやすくなります。皮膚のコラーゲンなどのタンパク質が凝集することで、深いシワができるのです[316]。生体分子に結合する構造水（CD 水）は可塑剤（かそざい）（材料に柔軟性を与えるもの）であり、その含有量が減少すると組織の硬さが増加します。皮膚の弾力も構造水（CD 水）が減少すると失われていきます。

□ 皮膚の弾力も構造水（CD 水）が減少すると失われる

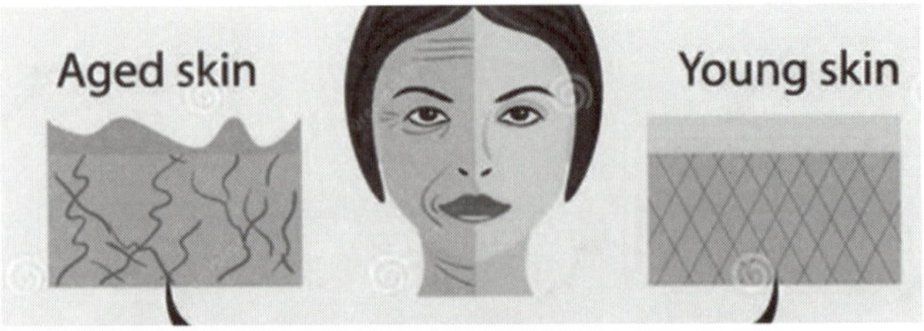

構造水（CD水）はコラーゲン残基間で水素結合を形成し、
コラーゲンの三重らせん構造を安定させる

構造水（CD水）が減少すると、真皮のコラーゲン繊維配列が
乱れ（タンパク質の凝集）深いシワとなる

老化に伴う構造水（CD 水）の減少は、ALE s（終末過酸化脂質産物）などの異常タンパク質の凝集を招き、やがて組織全体が硬くなり（＝線維化という）、長期的には動脈硬化やガンに変化していきます[317]。

細胞外マトリックス（ECM）の硬さの増加は、ガン、心血管疾患、糖尿病などの特徴です。老化による細胞の死滅も、細胞内のバルクの水が増えることによります[318]。

□ 細胞外マトリックス（ECM）の硬さの増加は、ガン、心血管疾患、糖尿病などの特徴

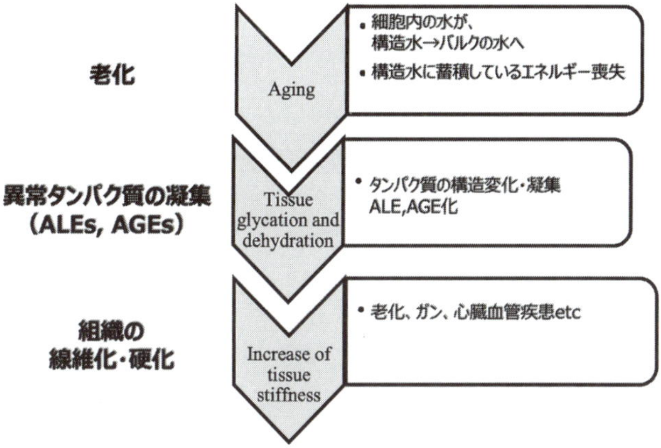

02 構造水（CD 水）とガン

ガン細胞は、胚組織（胎児組織）や幹細胞と同じく、正常細胞（分化した細胞）よりも細胞内水分量が多いことがわかっています[319][320][321]。細胞内水分量が多いと、その細胞はやわらかくなります。そして、この**ガン細胞のやわらかさによる変形能力のアップが、転移を促します**[322][323][324]。

ガン細胞はバルクの水が入って変形能力を獲得した細胞

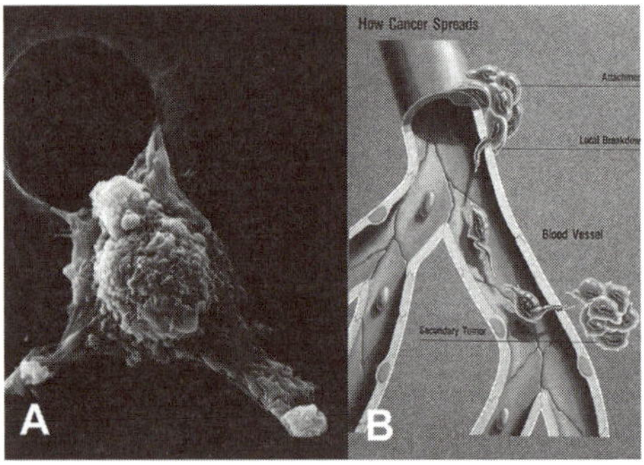

ガン細胞の電子顕微鏡図　ガン細胞の転移の模式図

Free-radicals and advanced chemistries involved in cell membrane organization influence oxygen diffusion and pathology treatment. AIMS Biophys. 2017; 4(2): 240–283.

このように**実際に個々のガン細胞はやわらかいのですが、ガン組織そのものはかなり硬くなっています**[325][326][327]。実際に、乳ガンなど体表から触診できるガンでは、硬く触れます。なぜやわらかい細胞の塊が硬くなるのでしょうか？

ガン細胞内では、バルクの水が増えるものの、構造水（CD水）が減少しています[328][329][330][331]。

□ ガンでは構造水が減少して、バルクの水が増加

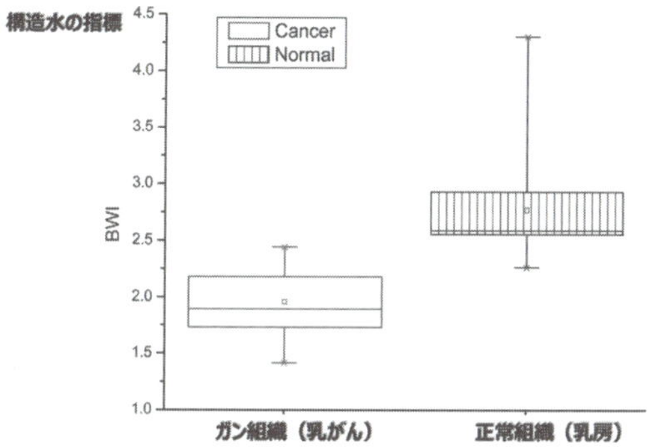

In vivo water state measurements in breast cancer using broadband diffuse optical spectroscopy. Phys. Med. Biol. 2008; 53:6713-6727.

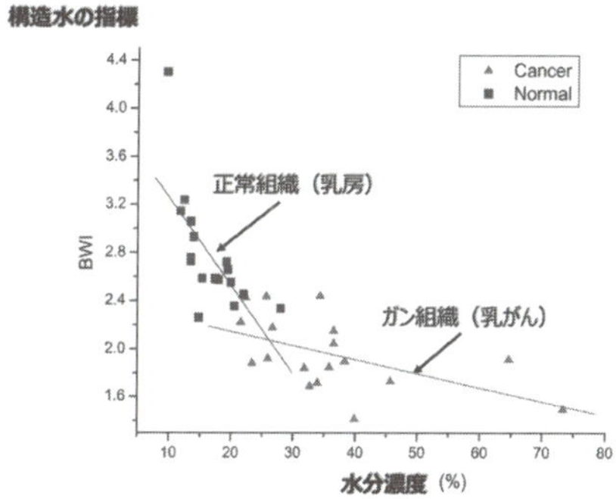

In vivo water state measurements in breast cancer using broadband diffuse optical spectroscopy. Phys. Med. Biol. 2008; 53:6713-6727.

ガンの発生については、拙著「ガンは安心させてあげなさい」（鉱脈社刊）で詳述したように、「**ガンの場の理論（Tissue Organization Field Theory：TOFT）**」を理解することが根本治療につながります。**ガン細胞は、その細胞自体の遺伝子の異常ではなく、周囲の環境のストレスによって発生する**というのがその主旨です。その環境ストレスが最初に出現するのが、細胞を取り囲む**細胞外マトリックス**（ECM：結合組織）の変化です。ストレスがかかると、細胞外マトリックス（ECM）の主成分であるコラーゲンの構造水（CD 水）が失われることで、コラーゲン同士が塊をつくり、硬化していきます[332][333]。**実際にストレスホルモンの代表である副甲状腺ホルモンの分泌上昇によって、細胞外マトリックス（ECM）の構造水（CD 水）は失われていきます**[334]。

□ 副甲状腺ホルモンが上昇するほど、構造水（CD 水）は減少

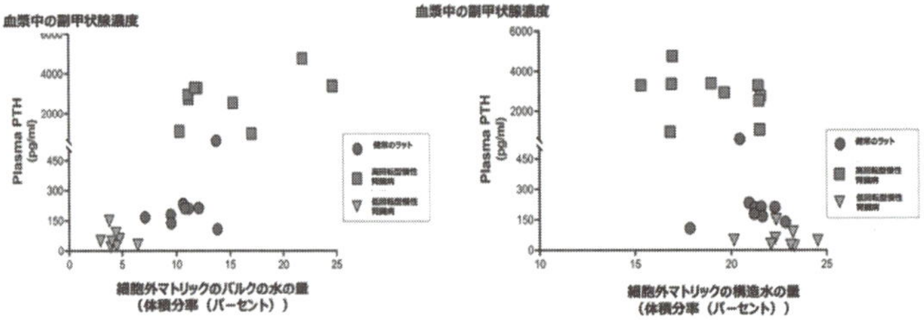

慢性腎不全のラットモデルの実験。副甲状腺ホルモンが上昇するほど、細胞外マトリックスの自由水（バルクの水）は増加するが、構造水（CD水）は減少する

Changes in skeletal collagen cross-links and matrix hydration in high- and low-turnover chronic kidney disease. Osteoporos. Int. 2015;26(3):977-985.

この失われた構造水（CD水）は、バルクの水となって、細胞内に流入します。このようにして、**ガン細胞はバルクの水を含んでやわらかくなる**のに対し、**ガン細胞を包む細胞外マトリックスは硬くなるため、全体としてガン組織は硬くなります**。

□ 構造水（結合水）とガンの場の理論

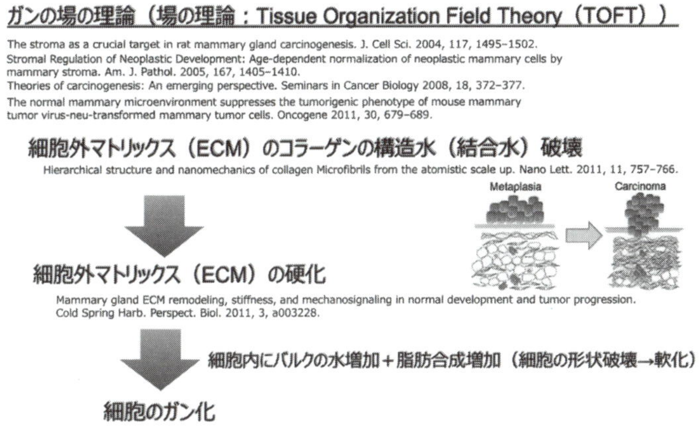

ガンの場の理論（場の理論：Tissue Organization Field Theory（TOFT））
The stroma as a crucial target in rat mammary gland carcinogenesis. J. Cell Sci. 2004, 117, 1495-1502.
Stromal Regulation of Neoplastic Development: Age-dependent normalization of neoplastic mammary cells by mammary stroma. Am. J. Pathol. 2005, 167, 1405-1410.
Theories of carcinogenesis: An emerging perspective. Seminars in Cancer Biology 2008, 18, 372-377.
The normal mammary microenvironment suppresses the tumorigenic phenotype of mouse mammary tumor virus-neu-transformed mammary tumor cells. Oncogene 2011, 30, 679-689.
細胞外マトリックス（ECM）のコラーゲンの構造水（結合水）破壊
Hierarchical structure and nanomechanics of collagen Microfibrils from the atomistic scale up. Nano Lett. 2011, 11, 757-766.
Metaplasia
Carcinoma
細胞外マトリックス（ECM）の硬化
Mammary gland ECM remodeling, stiffness, and mechanosignaling in normal development and tumor progression. Cold Spring Harb. Perspect. Biol. 2011, 3, a003228.
細胞内にバルクの水増加＋脂肪合成増加（細胞の形状破壊→軟化）
細胞のガン化

Chapter4

03 脳卒中・心筋梗塞と構造水（CD 水）

微小血管の血栓・閉塞は、血液－血管の表面張力の上昇（＝構造水（CD 水）の減少）が原因となっています[334]。バルクの水が構造水（CD 水）になると、表面張力が低下します。表面張力が低下した流体は流速がアップします[335]。逆に液体の表面張力が上昇すると、流速が低下します。流速の低下した血液は血栓をつくりやすくなります。

また、血管内で表面張力が増加すると、血液の表面を縮小しようとする力が増します。これは特に毛細血管や微小血管のような非常に細い管に影響を与えます。血液が血管壁に対して内側に引っ張られることで、血管の内側が収縮し、内径が小さくなります（血管が拡がらない）。

□ 表面張力が上昇すると、流速が低下し、血管は狭くなる

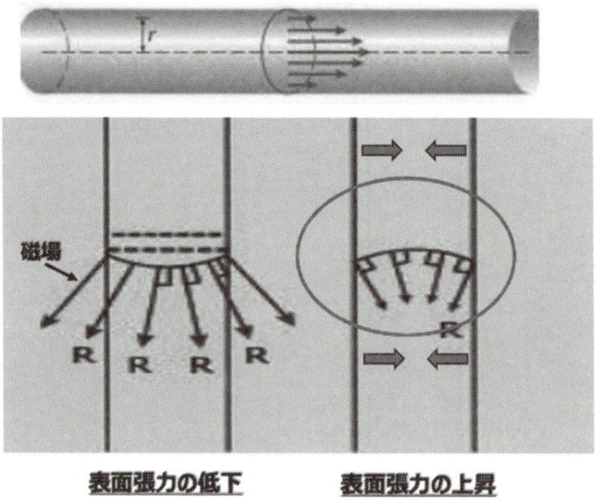

構造水（CD水）に蓄えられたエネルギーは磁場として放出されるため、強い反発力を持ちます[336]。その反発力で、赤血球、血小板、アルブミンなどの血漿中のタンパク質の接着を防ぎます[337][338][339][340]。

構造水（CD水）に蓄えられたエネルギーは強い反発力を持つ

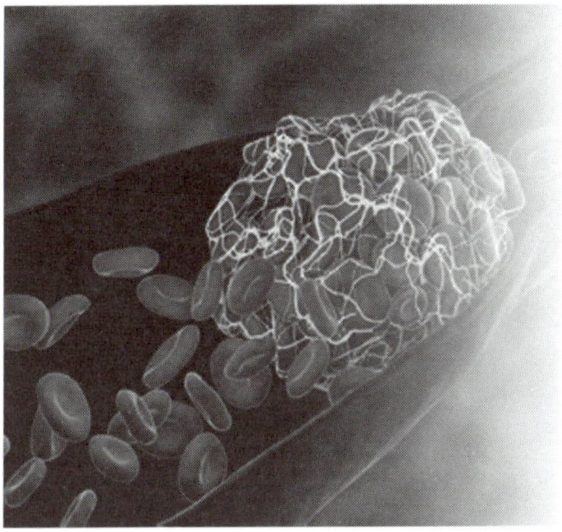

構造水（CD水）は、タンパク質や細胞（血小板などの接着を防ぐ

心臓を養う血管が詰まる心筋梗塞では、血液の表面張力が上昇（＝血管の構造（CD）水の破壊）しています[341]。

また、脳などに血栓をつくりやすい危険な不整脈と知られる心房細動（しんぼうさいどう）では、赤血球の表面張力が上昇（＝赤血球に結合している構造（CD）水の破壊）しています[342]。

アルツハイマー型認知症では、脳梗塞や血栓症を合併しやすいことが報告されています[343]。アルツハイマー病では、赤血球の変形能の低下および血管内皮の機能低下が認められます[344][345]。これは、赤血球および血管内皮の構造（CD）水の破壊を意味します。また、アルツハイマー病の特徴である異常タンパク質のβアミロイドタンパク質も、水素結合を破壊し、構造（CD）水をバルクの水に変換させる作用があります[346]。

体内で構造水（CD 水）をつくる物質とは？

それでは、赤血球、血管内皮などの細胞・組織の構造（CD）水を形成する物質とは何でしょうか？

それが「**バイオサルフェイト**（biosulfate：生体由来の硫酸塩）」と呼ばれる硫黄（イオウ）化合物です。

□ バイオサルフェイト（biosulfate、生体由来の硫酸塩）

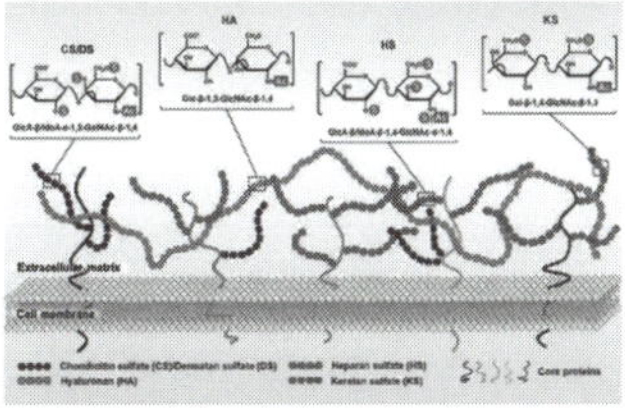

グリコサミノグリカン（glycosaminoglycans (GAGs)）

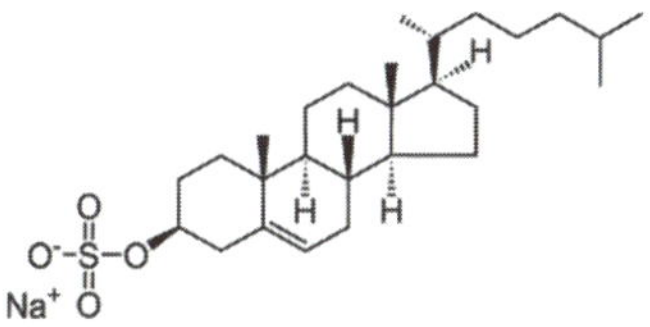

コレステロール硫酸（Cholesterol sulfate (Ch-S)）

その代表的な硫黄化合物には、コレステロール硫酸やグリコサミノグリカン（アミノ多糖類）が挙げられます。コレステロール硫酸（Cholesterol sulfate：Ch-S）は、赤血球、皮膚角質層、血管内皮、関節、脳・神経系、胎盤などに存在し、構造（CD）水をつくるため、強力な血栓予防作用を持っています[347]。マラリア感染では、血栓の合併症が多いことが知られています[348][349][350]。赤血球が変形して硬くなることで血管を柔軟に通過できなくなり、血栓ができやすくなります。しかし、重篤なマラリア感染でも大部分の赤血球は寄生されていません。マラリア感染者で認められる赤血球変形能の低下は、主に寄生されていない赤血球の変化、すなわち全身性の炎症（低エネルギー、栄養失調）による赤血球でのコレステロール硫酸合成低下（＝構造（CD）水の減少）によるものです[351]。実際に、低濃度の塩水で変形させた赤血球にコレステロール硫酸（Ch-S）を投与すると、赤血球の構造・変形能力が回復します[352]。

□ コレステロール硫酸は、赤血球の構造・変形能力を安定化させる

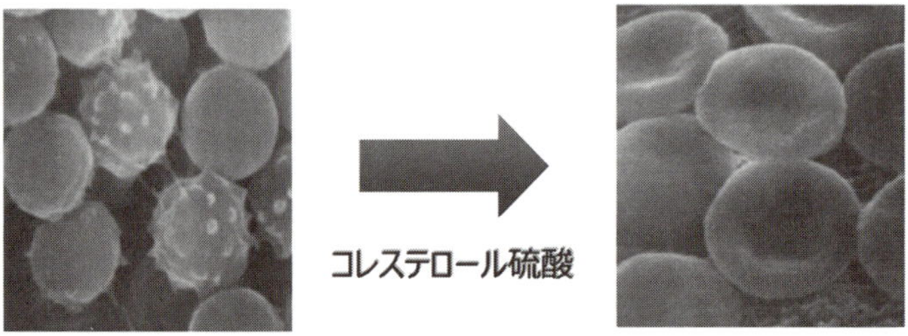

低濃度の塩水中で変形した赤血球　　赤血球形状回復

グリコサミノグリカン（glycosaminoglycans：GAGs）は、長鎖の多糖類で、主に結合組織に存在しています。ヒアルロン酸、コンドロイチン硫酸、ヘパリン硫酸などがその代表です。血管内皮細胞などの外側を覆っているグリコカリックス（Glycocalyx）の構成成分でもあります。これらの硫黄化合物（バイオサルフェイト）が血管内皮の構造（CD）水を形成します[353][354][355]。

□ グリコカリックスには構造（CD）水が結合する

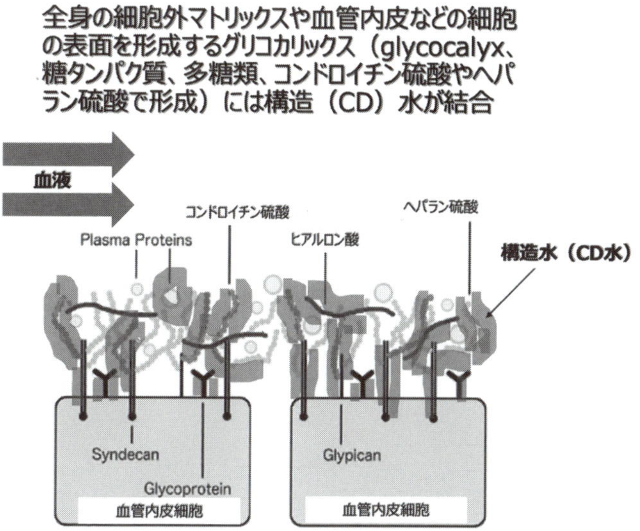

バイオサルフェイトは、血管（内皮）および赤血球、血小板のいずれにも存在し、お互いが接着して塊にならないようにスムーズに血液を流す役割をしています。加齢とともに血管が詰まりやすくなるのは、このバイオサルフェイトを構成する硫黄不足（硫黄を組み入れる効率が低下）によって、血管や赤血球などの細胞の周囲の構造（CD）水が減少するからです[356][357][358]。

□ 加齢とともに硫黄のグリコサミノグリカンへの組み入れ率が低下

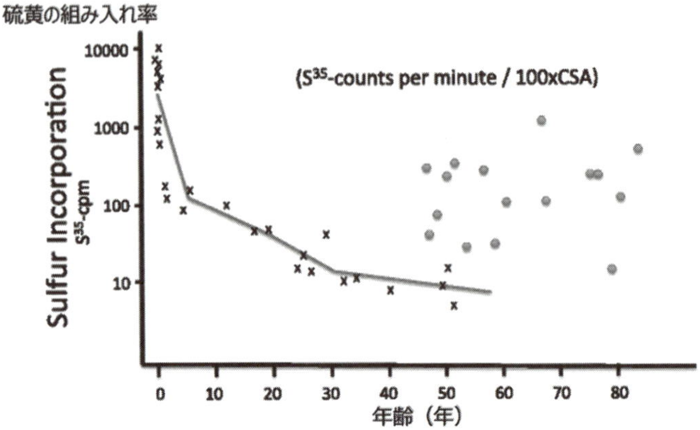

血管内皮のバイオサルフィト（内皮グリコカリックス：EGL）の形成が低下すると、血栓傾向、内皮透過性の増加（リーキーベッセル：血管から組織へ水漏れする）、活性酸素種（ROS）の増加をもたらします[359]。これが全身の微小血管に発生するのが、糖尿病の特徴です。硫酸含有量が減少した血管内皮のバイオサルフィト（内皮グリコカリックス（EGL））は、微小血管界面張力が増加し、インスリン抵抗性（細胞のインスリンのアンテナが機能不全になる）をもたらします[360][361]。

05 表面張力上昇がもたらすさまざまな病態

構造（CD）水の減少は、液体の表面張力を強めます。肝硬変などの肝臓機能障害でも、血栓ができやすくなることが知られています [362][363][364]。

その理由として、肝臓機能が低下すると血清タンパク質であるアルブミンの合成低下が起こることが挙げられます [365][366][367]。アルブミンは界面活性作用があり、液体（血液）の表面張力を低下させる作用があります。つまり、肝臓障害でアルブミン合成が低下すると、血液の表面張力が上昇し、血栓ができやすくなるのです。

肝機能障害（肝硬変など）で血栓ができやすい理由

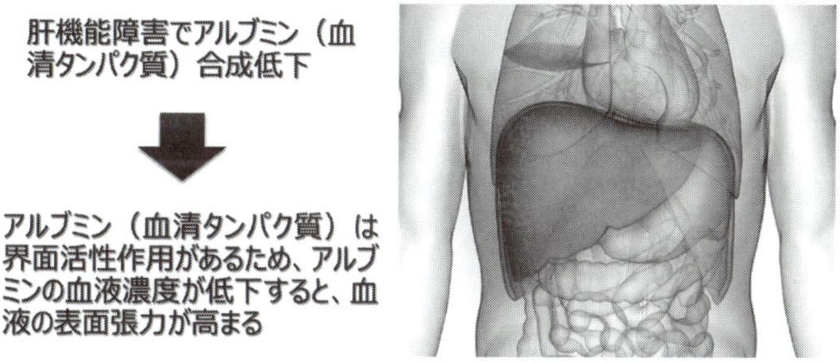

肝機能障害でアルブミン（血清タンパク質）合成低下
アルブミン（血清タンパク質）は界面活性作用があるため、アルブミンの血液濃度が低下すると、血液の表面張力が高まる

糖尿病などで腎臓障害のある人の尿が泡立つ（界面活性作用）のは、アルブミンが尿中に出るからです。

私たちの体液のひとつである涙、唾液などの分泌液の構造（CD）水減少によって、表面張力が高くなるとどうなるでしょうか？

血液と同じく、涙腺や唾液腺などの分泌の流れが悪くなり、分泌腺が詰まりやすくなります。その結果、**ドライアイ、虫歯（ドライマウス）、中耳炎などが発生**します[368][369][370]。

関節内の軟骨に結合する構造（CD）水減少でも表面張力が高まります。関節内の表面張力上昇は、軟骨同士の反発（磁場）を低下させるため、摩擦を引き起こします[371][372][373][374]。

□ 関節の軟骨の構造（CD）水が減少し、表面張力が上昇すると、摩擦が高まる

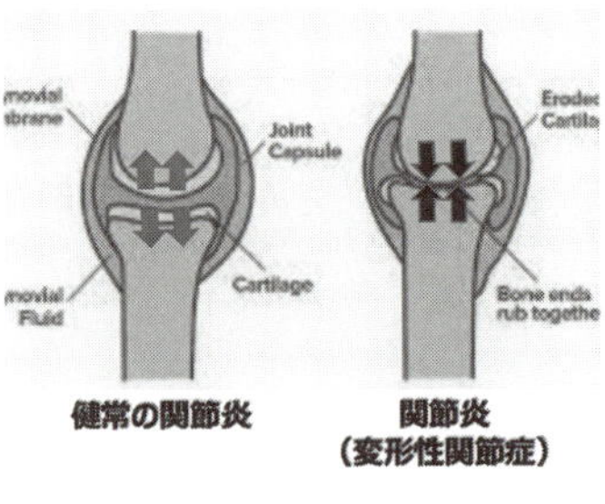

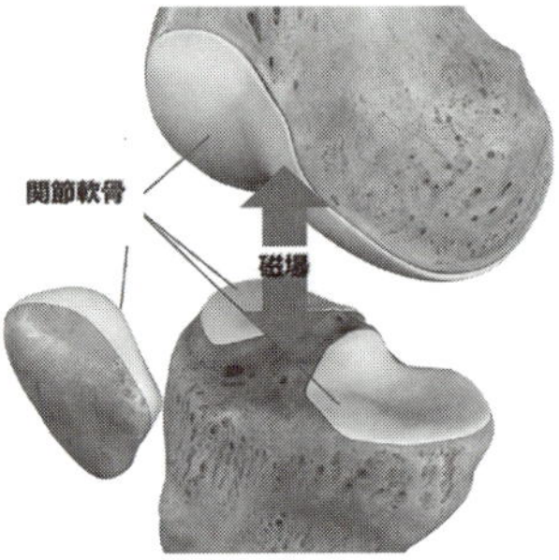

肺の肺胞は、「サーファクタント＋構造水」で表面張力を低くキープすることで、形を維持しています。**サーファクタント**（surfactant：肺はジパルミトイルホスファチジルコリン（Dipalmitoylphosphatidylcholine：DPPC）とい

うリン脂質）は界面活性剤と同じで、構造（CD）水を形成することで表面張力を低下させる作用があります[375][376]。

肺の袋（肺胞）の表面を覆う構造（CD）水が減少すると、風船がしぼんでペシャンコになる（虚脱）ように、肺が潰れてしまいます。新生児呼吸窮迫（きゅうはく）症候群（RDS：Respiratory Distress Syndrome）、嚢胞（のうほう）性線維症、喘息などは、サーファクタント－構造水の破壊によって、肺が閉塞して拡がらない病態です[377][378][379][380]。

糖尿病においても、肺由来のサーファクタントの血液濃度が低下していることが報告されています[381][382]。構造（CD）水を形成するサーファクタントが減少するほど、肺がしぼんで呼吸が低下し、低酸素によって細胞のインシュリンを感知するアンテナが弱まる現象が認められています[383]。

消炎鎮痛剤（NSAIDs）によるリーキーガットも同じメカニズムで起こります。消炎鎮痛剤（NSAIDs）は、腸粘膜の構造（CD）水の破壊によって腸粘膜の表面張力を高めることで、腸に穴をつくります[384]。

ヘビ毒は、血管内皮に含まれるサーファクタントであるホスファチジルコリン（Phosphatidylcholine）を破壊して、血管の表面張力を高めて血栓を形成させます[385]。

Chapter4

06 ワクチンが危険な理由

ワクチンに含まれるアルミニウム、水銀、ポリソルベート 80 などのアジュバントは、細胞内、および間質の水の表面張力を増加させ、構造（CD）水を破壊します[386][387][388][389]。

実際に**新型コロナのワクチン接種後に、心筋梗塞、脳静脈洞**(どう)**血栓症などの脳卒中、肺血栓塞栓症、深部静脈血栓症や門脈血栓症（肝臓に栄養を運ぶ血管の血栓）などの血栓塞栓を発症した症例が多数認められました**[390][391][392][393][394]。これは、**新型コロナワクチンに使用されたポリカチオン脂質ナノ粒子（リポソーム）が構造（CD）水を破壊し、血栓を引き起こす**からです[395]。

また脂質ナノ粒子（リポソーム）は血管内皮にもダメージを与えるため、血栓ができやすくなります[396]。脂質ナノ粒子（リポソーム）によって、タンパク質が凝集・変性（やがて細胞を死滅させる）するのも、タンパク質と結合する構造（CD）水を破壊するからです[397]。

乳児突然死症候群と揺さぶられっ子症候群

07

「**乳幼児突然死症候群**（Sudden Infant Death Syndrome：SIDS）」とは、健康に見えた乳幼児が予告や明らかな原因もなく突然死亡する現象です。通常、生後1歳未満の赤ちゃんに発生し、睡眠中に起こることがほとんどです。原因はまだ完全には解明されておらず、医学的な診断でも特定できないことが多いため、「突然死」と呼ばれています。うつ伏せ寝や母親の栄養状態が悪かったなどの原因が推定されていました。

一方、親の乳幼児への虐待として「**揺さぶられっ子症候群**（Shaken Baby Syndrome：SBS）」というものがあります。脳神経外科の専門医の試験のときに、必ず出題される話題でした。この症候群は、乳幼児が強く揺さぶられることで、網膜や頭蓋内に出血（硬膜下血腫、脳室内出血、びまん性軸索（じくさく）損傷）を引き起こし、脳や目、神経系に重篤な損傷を引き起こす状態を指します。乳幼児を強く揺さぶることで発生し、特に首の筋肉が弱く、脳が頭蓋骨内で動きやすい生後6カ月未満の乳児が最もリスクが高いとされています。

この乳幼児に起こる2つの症候群は、一見無関係のように見えます。しかし、解剖の所見からは、驚くべき共通した病態が浮かびあがってきます。それは、いずれも微小血管に血栓が多発しているという事実です[398][399][400]

[401]。**その原因は、乳児への複数のワクチン接種によるもの**です[402][403][404][405]。なぜなら、**ワクチンに添加されているアルミニウム（Al^{3+}）、水銀（Hg^{2+}）は、構造（CD）水を破壊する**からです[406][407][408]。米国疾病予防センター（CDC）の公式サイトによると、乳幼児期（生後～18カ月）の主なワクチン接種回数は、26回にも上ります[409]。乳幼児の微小血管に血栓をつくるのに十分な接種回数です。

「揺さぶられっ子症候群（Shaken Baby Syndrome：SBS）」では、親の虐待が疑われるので、冤罪で両親が逮捕されているケースがあるはずです。

乳幼児にかぎらず、健康な成人でも突然死があります。成人の突然死には、アナフィラキシー、播種（はしゅ）性血管内凝固（DIC）、HELLP症候群、急性肝壊死、ウォーターハウス・フリードリクセン症候群、溶血性尿毒症性貧血、特発性肺出血、急性膵炎、急性下垂体壊死、偽膜（ぎまく）性大腸炎、血栓性血小板減少性紫斑病（TTP）、サナレリ・シュワルツマン現象（SSP）、ヘノッホ・シェーンライン紫斑病（HSP）、子癇前症（しかんぜんしょう）、死産などがあります。これらの成人の突然死の解剖でも血栓出血現象（THP）が認められます。**ワクチン接種などによる構造（CD）水破壊による血栓形成が強く疑われる疾患群**です。

構造水（CD 水）と水道水の違い

08

CD 水をつくる方法は、磁石、ボルテックス（震盪）、太陽光照射などいくつかあります。

CD 水のような構造化された水とバルク水の代表である水道水とは、その物理的特性がまったく異なります。CD 水のほうが比誘電率が高い、つまりエネルギーの蓄電率が高いことは前述しました。それ以外にも重要な違いがあります。まずは、pH です。**構造化された水では、必ず pH は高くなります**。**つまり、アルカリになります**。それにつれて、酸化還元電位（ORP）はマイナス値になります。その一方で pH が低くなり、酸性になると酸化還元電位（ORP）はプラスの値をとります。水道水は高いプラスの酸化還元電位（ORP）となりますが、ヒトの体液、母乳、分泌液や果物・野菜ジュースなどの構造化された水では、酸化還元電位（ORP）はマイナス値になります。井戸でも 100 m 以上深く掘った水であれば、同じく酸化還元電位（ORP）はマイナス値になります [410]。

□ 酸化還元電位（ORP）

Medium	ORP value, mV
水道水	220–380
ボトル水	200–400
浅い井戸水、雨水	200–320
100m以上深くから汲み上げた井戸水	(–50)–50
ナノサイズのシリカ粒子に水素を結合させたものを含む水	up to –200
フィルターを通した水	does not change the initial ORP value
アルカリ水（pH 7-11）	(–1200)–0
酸性水（pH 1-7）	0–1000
新鮮な搾りたてのにんじんジュース	–70
健康人の口腔内分泌液	(–50)–50
母乳	–70
健康人の体液	–70
ビフィズス菌の成長に適した水	(–200)–50
電気分解した水（少量の塩（塩化ナトリウムなど）を加え、電気を通す）	up to –500

1.GONCHARUK, V. V., BAGRII, V. A., MEL'NIK, L. A., CHEBOTAREVA, R. D. & BASHTAN, S. Y. (2010). The use of redox potential in water treatment processes. Journal of Water Chemistry and Technology 32, 1-9.

水道水で酸化還元電位（ORP）値がプラスに上昇するのは、塩素添加によって、水のCDが低下するからです[411]。

1,000～1,500ガウス（G）の磁石に純水を通過させるとpHは上昇し、酸化還元電位（ORP）値がマイナスの値になることが示されています[412]。

500～1,000ガウス（G）の磁石に純水を通過させた場合でも、電気導電率・pHは上昇し、密度・表面張力は低下することが示されています[413]。このことから、**磁石を通した水（磁化水）は、CD化（構造化）している**ことがわかります。

□ 磁石に純水を通過させて磁化水を形成

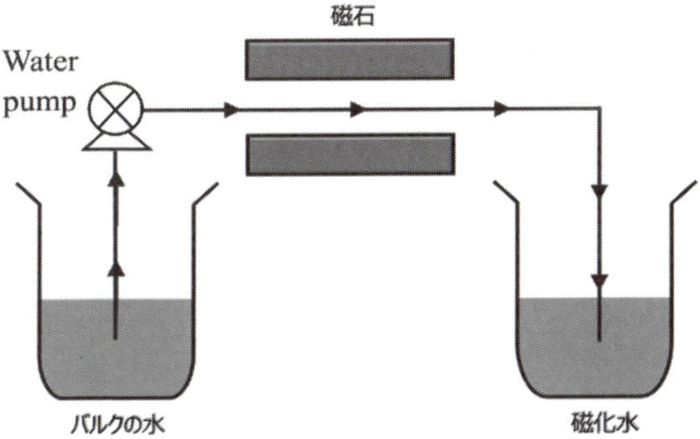

□ 500 ～ 1,000 ガウス（G）の磁石に純水を通過させて磁化水を形成

パラメーター	未処理の水道水	500ガウス処理	1000ガウス処理
導電率 (mS/cm)	650 ± 8.1	655.0 ± 8.6	710.0 ± 8.9*
pH	7.60 ± 0.07	7.62 ± 0.05	7.85 ± 0.02*
密度 (mN/mL)	50.1 ± 2.25	40.0 ± 2.01*	40.0 ± 2.12*
表面張力 (dyn/cm2)	60.5 ± 2.8	52.4 ± 2.9*	50.4 ± 2.9*

導電率・pHは上昇し、密度・表面張力は低下

Ali H. Al-Hilali, 2018. Effect of Magnetically Treated Water on Physiological and Biochemical Blood Parameters of Japanese Quail. International Journal of Poultry Science, 17: 78-84.

水の誘電率 (dielectric constant) は、0 ～ 5,000 ガウスの範囲では、磁力に比例して上昇します [414]。

□ 水の誘電率は、0～5,000ガウスの範囲では、磁力に比例して上昇する

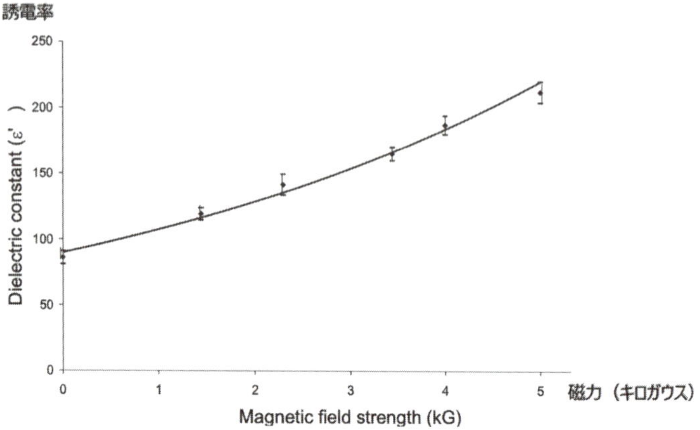

0.1～1テスラ（1,000～10,000ガウス）の磁石に純水を通過させて磁化水を形成した場合、pHの上昇、電気伝導率の増加、溶存酸素量の増加、表面張力の低下、密度の減少、蒸発温度の低下、水素結合によるクラスター化が認められます[415][416][417][418]。

地球の磁場（50マイクロテスラ）よりも何桁も強い外部磁場（0.20～0.44テスラ（T）、2,000～4,400ガウス（G））を水にさらすと、水のpH、屈折率、誘電率および電気伝導率を上昇させる一方で、粘度・密度・表面張力を低下させます[419]。

地球の磁場より小さい磁力でも同じ周波数（シューマン共鳴、7.0Hzおよび8.4Hz）であれば、CD水が形成されます[420]。ちなみに、地球の磁場は、表面近くで約0.25～0.65ガウスの範囲。平均的な値は約0.5ガウスです。

水を磁化すると、水の表面張力が減少し、その結果、水がよりやわらかく感じられ、甘い味がします。水はより薄く、湿り気があり、吸収性が高くなるため、細胞に浸透しやすくなり、運んでいる栄養素をより効果的に供給できるようになります[421]。

磁化水が実質的に構造（CD）水であるのは、内部にエネルギーを蓄積しているからです。ホタルは発光のときに、ルシフェリンというタンパク質にルシフェラーゼという酵素が作用します。この発光の反応には、ATPが必要とされています。しかし、ルシフェリンおよびルシフェラーゼを含んだ純水を10ミリガウスの超低周波（6Hz）AC磁場に曝露し磁化水化すると、ATPがないにも関わらずルシフェリン－ルシフェラーゼ発光が認められます[422]。これは、磁化水に蓄積されたエネルギーが発光反応をもたらしたからです。

磁化水は、磁場を取り除けば、数時間～3日間でバルクの水にもとに戻るとされていますが、鉱物や光をつけ加えると、数カ月安定することがわかっています[423][424]。

Chapter4

09 磁化水の動物実験

糖尿病モデルラットに磁化水を与えた実験では、**血糖値・膵臓・腎機能の改善が認められました**[425][426][427]。

□ 磁化水によって糖尿病モデルの血糖値が改善

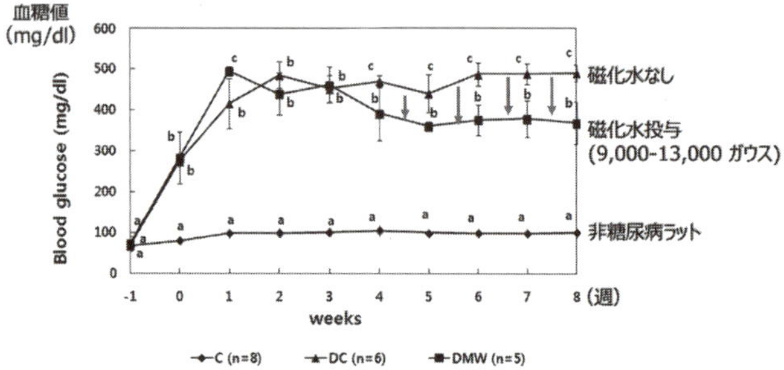

磁化水投与によって第３週から糖尿病ラットの血糖値が低下

Effect of the magnetized water supplementation on blood glucose, lymphocyte DNA damage, antioxidant status, and lipid profiles in STZ-induced rats. Nutr Res Pract. 2013 Feb; 7(1): 34–42.

□ 磁化水によって糖尿病モデルの HbA1C 値が改善

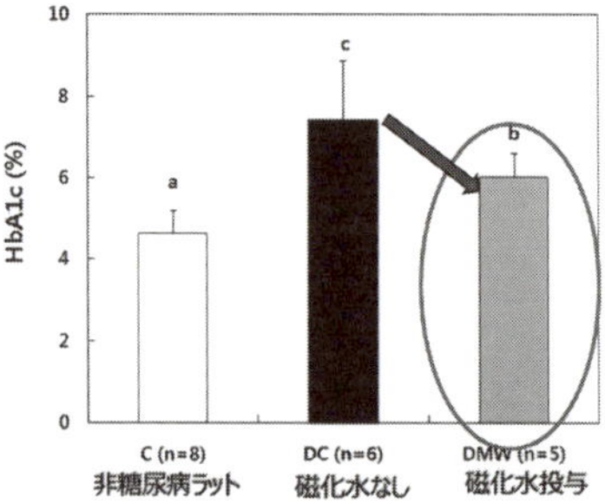

Effect of the magnetized water supplementation on blood glucose, lymphocyte DNA damage, antioxidant status, and lipid profiles in STZ-induced rats. Nutr Res Pract. 2013 Feb; 7(1): 34–42

そのほかにも、マウスやラットへの磁化水の投与によって**骨密度・強度の上昇、卵管の再生が認められています**[428]。

興味深いことに、電子レンジ（マイクロ波）で処理した水を与えた動物実験では、MDA（プーファの過酸化脂質)、一酸化窒素（NO）や肝機能障害が発生しました[429]。Wi-Fiやマイクロ波は、構造（CD）水の水素結合を分断したり強めたりすることで、その物理的特性を変えてしまいます[430][431][432]。**食品を電子レンジで温めると、食品に含まれる構造（CD）水が破壊されているだけでなく、MDA（プーファの過酸化脂質)、一酸化窒素（NO）の発生や肝臓機能を低下させるような質の悪い水に変化させてしまいます**。

Chapter4

10 磁化水の臨床応用

現在までの磁化水の臨床応用としては、皮膚科および歯科領域が主です。

磁化生理食塩水を顔面に塗布2週間後（下図B）には、顔の脂分やニキビが著明に減少しました[433]。同じく、磁化生理食塩水を顔面に2週間塗布で、シミや紅斑（こうはん）が著明に減少しています（次頁図B）。磁化生理食塩水の皮膚への影響をまとめると、**肌の保湿力が向上し、経皮水分蒸散量（TEWL）、皮脂、シミ指数、および紅斑指数が減少します**。

磁化水のニキビに与える影響

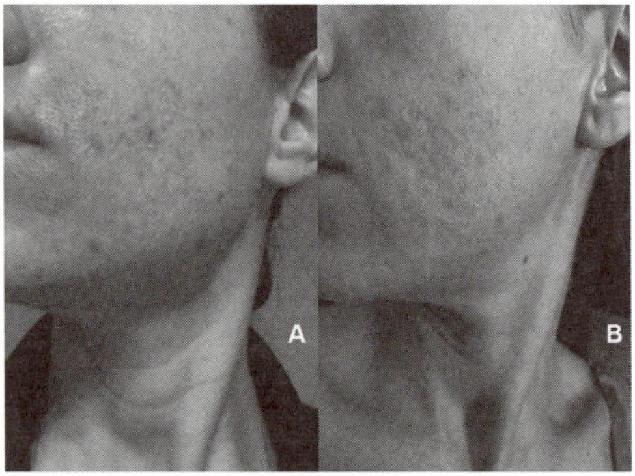

磁化生理食塩水を顔面に塗布。2週間後には、顔の脂分やニキビが著明に減少

Topically Applied Magnetized Saline Water Improves Skin Biophysical Parameters Through Autophagy Activation: A Pilot Study. Cureus. 2023 Nov; 15(11): e49180.

磁化水のシミ、紅斑に与える影響

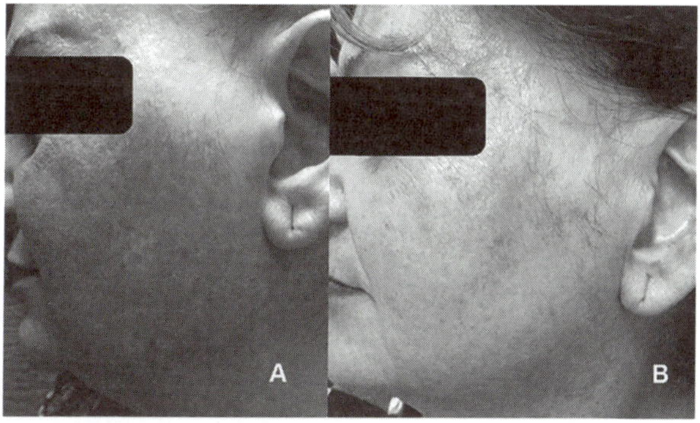

磁化生理食塩水を顔面に塗布。2週間後には、シミや紅斑が著明に減少

磁化水は床ずれのような皮膚の病変にも有効です。磁化生理食塩水を皮膚の潰瘍部に塗布４カ月後には、**潰瘍が著明に減少した**結果が報告されています[434]。また磁化水は**男性型の頭髪脱毛症にも作用する**結果が出ています。

磁化食塩水塗布で毛髪数が有意に増加

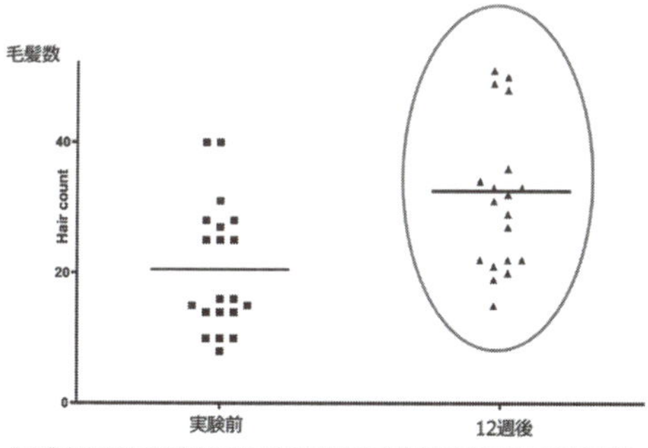

Topically Applied Magnetized Saline Water Activates Autophagy in the Scalp and Increases Hair Count and Hair Mass Index in Men With Mild-to-Moderate Androgenetic Alopecia. Cureus. 2023 Nov; 15(11): e49565.

磁化生理食塩水を唯一の有効成分とするローションを1日1回、夜、頭皮の頂部に約2ml、直接塗布を12週間施行した実験です。その結果、毛髪数および平均毛髪質量指数（HMI）が有意に増加した結果が報告されています[435]。

□ 磁化食塩水塗布で平均毛髪質量指数も有意に増加

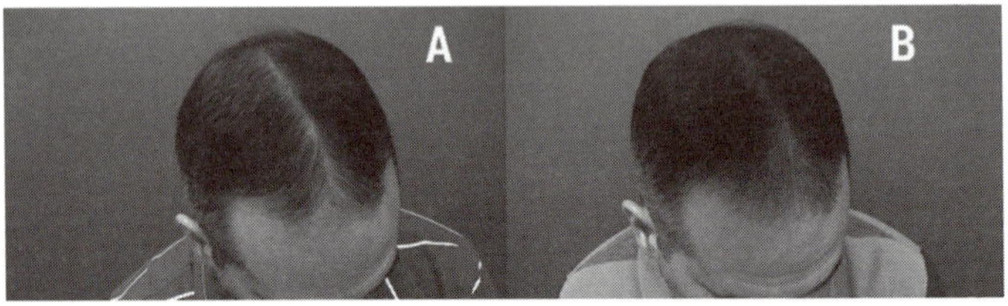

実験前　　12週間後

12週間の局所治療後、磁化生理食塩水を含むローションの適用により毛髪数が有意に増加（ベースラインでの20.6 ± 9.8から12週間で32.5 ± 12.4、$P < 0.001$）。同様に、平均毛髪質量指数（HMI）はベースラインの37.8 ± 11.4から12週間で45.1 ± 13.6に増加

磁化水と0.2％クロルヘキシジンを洗口液として使用した場合の、3週間にわたるプラークおよび歯肉炎抑制効果を12～15歳の子どもで比較した二重盲検ランダム化対照臨床研究が報告されています[436]。**磁化水およびクロルヘキシジングループの両方で、2週間後および3週間後にプラーク指数（PI）および歯肉指数（GI）スコアの有意な減少が認められました。**

Chapter4

11 磁化水の家畜への影響

磁化水はヒト同様、ウシやヤギ、ニワトリなどの家畜にも効果をもたらします。

ウシに磁化水を与えた実験では、6 週間後以降に有意に乳生産量がアップしました[437]。

ウシの乳生産量アップ

搾乳（週）	磁化水（1,200ガウス）	非磁化水	統計学的有意差
W2	10.27±0.22	10.26±0.29	0.000^{NS}
W4	11.0±0.64	11.1±0.43	0.09^{NS}
W6	$12.26±0.22^{a}$	$10.91±0.52^{b}$	7.76^{**}
W8	$12.42±0.24^{a}$	$11.13±0.43^{b}$	8.07^{**}
W10	$13.11±0.22^{a}$	$11.22±0.47^{b}$	17.07^{**}
W12	$13.42±0.22^{a}$	$10.34±0.3^{b}$	68.7^{***}
W14	$13.1±0.20^{a}$	$9.1±0.15^{b}$	179.8^{***}

NS: 有意差なし　*** $P< 0.001$ and ** $P< 0.01$

磁化水摂取6週間後から有意に乳産生量がアップ

Effect of Using Magnetic Water on Milk Production and Its Components in Buffalo Cows. J. of Animal and Poultry Production, Mansoura Univ., Vol 11 (10): 399-404, 2002.

ヤギに磁化水（1,200 および 3,600 ガウスの磁石）を 42 日間与えた実験では、乳産生量および乳の質が有意に向上しました[438]。

ヤギの乳量・品質アップ（42日間）

FCMとは「Fat Corrected Milk」の略で、乳脂肪補正乳量を意味する。これは、乳の脂肪含量を標準化した上で計算された乳量で、乳脂肪率の違いによる影響を補正するために用いられる。通常、乳量を比較する際に乳脂肪率の違いが生じることがあるため、乳脂肪を一定の基準に合わせることで、異なる乳の品質を公平に比較することができる

Items	Treatments				
	非磁化水	磁化水（T1）	磁化水（T2）	SEM	統計学的有意差
Production (kg/day)					
乳生産量	0.902^{c}	1.011^{b}	1.049	0.03	**
4 % FCM	0.796^{c}	0.974^{b}	1.035^{a}	0.19	**
乳脂肪	0.029^{b}	0.038^{ab}	0.041^{a}	0.04	*
乳タンパク質	0.027^{b}	0.032^{ab}	0.034^{a}	0.02	*
乳成分（%）					
総固形分	11.51^{b}	12.66^{a}	12.88^{a}	0.19	*
除脂肪固形分	8.32^{b}	8.88^{a}	8.94^{a}	0.13	*
脂肪	3.19^{c}	3.78^{b}	3.94^{a}	0.04	*
タンパク質	3.03^{b}	3.19^{a}	3.23^{a}	0.05	*
乳糖	4.56^{b}	4.97^{a}	4.98	0.03	*
ミネラル	0.73	0.72	0.73	0.01	NS

**P< 0.01, *P< 0.05 and NS: Not significant.

a, b and c: means in the same row with different superscripts are significantly (P<0.05) different.

T1: Group supplied with 1200ガウス
T2: Group supplied with 3600ガウス

Yacout MH, Hassan AA, Khalel MS, Shwerab AM, Abdel-Gawad EI, et al. (2015) Effect of Magnetic Water on the Performance of Lactating Goats. J Dairy Vet Anim Res 2(5): 00048. DOI: 10.15406/jdvar.2015.02.00048.

ニワトリに対する磁化水の実験も非常に興味深い結果が出ています。磁化水を供給されたニワトリのグループでは対照群（水道水を供与）と比較して産卵率が向上した結果が出ています[439]。また、2,000ガウスと3,000ガウスの磁化水を供給されたグループでは、最終体重と体重増加が対照群と比較して有意に増加しています。磁化水を供給されたグループでは、対照群と比較して飼料効率比（FCR）も有意に改善されました。

卵の質に関しては、磁化水を供給されたグループでは、卵重量と卵質量が対照群と比較して有意に増加しました。2,000ガウスおよび3,000ガウスを供給されたグループで、対照群と比較してアルブミン（卵白）重量が有意に増加し、卵黄重量は、3,000ガウスを供給されたグループで対照群と比較して有意に増加しました。殻の厚さは、4,000ガウスの水を供給されたグループで対照群と比較して増加

しました。

ニワトリの卵産生（効率）アップ

Parameter/ strength	水道水摂取のニワトリ	磁化水形成時の磁場（ガウス）			SEM	統計学的有意差
		2000	3000	4000		
卵産生（%）	49.6	56.3	56.7	56.2	4.61	0.061
卵重量（g）	47.7^{b}	49.6^{a}	49.9^{a}	49.4^{a}	0.042	0.0001
卵体積（g/日）	23.5^{b}	27.7^{a}	28.2^{a}	27.8^{a}	1.40	0.009
給餌摂取量（g）	119^{b}	120^{b}	133^{a}	131^{a}	3.79	0.0001
卵の飼料転換率（給餌g/卵g）	5.22^{a}	4.41^{b}	4.78^{b}	4.83^{b}	1.47	0.073
水分摂取量（cm³）	230^{a}	202^{c}	210^{b}	212^{b}	4.31	0.0001
給餌摂取/水分摂取量 率	2.12^{a}	1.84^{b}	1.71^{c}	1.73^{c}	0.001	0.0001
生存率（%）	93.8	93.8	96 .3	93.8	6.62	0.844
実験前の体重（g）	1578	1579	1578	1577	2.6	0.759
実験後の体重（g）	1869^{b}	1932^{a}	1928^{a}	1876^{b}	7.84	0.004
体重増加（g）	291^{b}	353^{a}	349^{a}	299^{b}	1.80	0.006

a,b,c Means in the same row with different superscripts are differ significantly ($p\leq 0.05$).

Hassan, S. S., Attia Y. A., and El-sheikh A. M. H.. . 2018. Productive, egg quality and physiological responses of gimmizah chicken as affected by magnetized water of different strengths. Egypt. Poult. Sci. J. 0:0–0. doi: 10.21608/epsj.2018.5569.

Parameter/ strength	水道水摂取のニワトリ	磁化水形成時の磁場（ガウス）			SEM	P value
		2000	3000	4000		
アルブミン（卵白）（g）	29.06^{b}	30.55^{a}	30.51^{a}	29.61^{ab}	1.52	0.015
卵黄（g）	15.57^{b}	16.01^{ab}	16.39^{a}	16.19^{ab}	0.43	0.032
卵黄の色スコア	6.50	6.64	6.69	6.81	0.153	0.350
殻の重量（g）	5.24	5.28	5.33	5.45	0.271	0.937
殻の厚さ（um）	359^{b}	364^{ab}	370^{ab}	375^{a}	117	0.005
卵の新鮮さスコア	94.25	95.37	95.80	96.47	1.84	0.937

a,b Means in the same row with different superscripts are differ significantly ($p\leq 0.05$) .

磁化水の動物の生産性におよぼす向上効果には、磁気処理により酸素比率、塩（ミネラル）やアミノ酸の溶解が増加し、細胞により吸収しやすくなることが挙げられます[440][441][442][443]。さらに、磁化水は、MDA（プーファの過酸化脂質）や一酸化窒素（NO）などの毒性物質の形成防止作用を持つことも関係しています[444][445]。

Chapter4

12 磁化水の作物に与える影響

磁化水で灌漑(かんがい)された植物は、非磁化水で灌漑された植物と比較して、植物の高さ、葉面積、根の長さおよび全体的なバイオマス生産が一貫して増加する結果が出ています[446]。

灌漑用水や植えつけられた種子が特定の磁場にさらされた場合、トマト、ジャガイモ、ヒマワリ、チリペッパー、トウモロコシ、ピーマン、小麦、大麦、米、マスタード、レタスや綿などの発芽と成長が促進することが報告されています[447][448][449][450][451][452][453][454][455][456][457][458]。

2023年には、米の稲作への磁化水の影響の研究結果が報告されています[459]。2週間磁化水で灌漑された稲は、非磁化水と比較して、イネ・根の成長が有意に高くなりました。また米の窒素固定率も、磁化水灌漑によって有意に高まりました。これらの効果は、通常の土壌だけでなく、塩害のある土壌でも認められています。

□ 日本晴（Nipponbare）のイネの成長

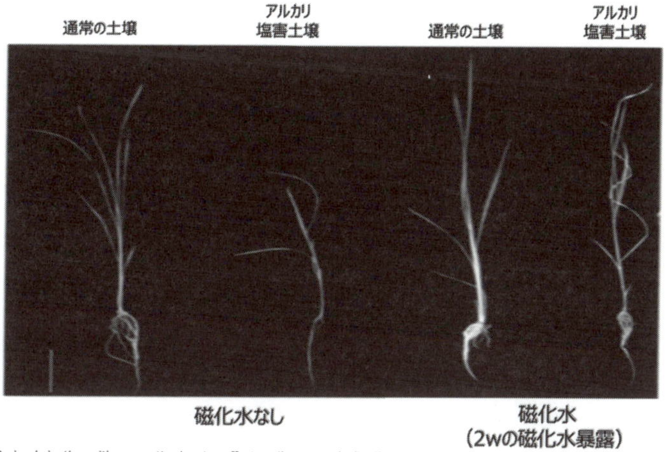

Spring irrigation with magnetized water affects soil water-salt distribution, emergence, growth, and photosynthetic characteristics of cotton seedlings in Southern Xinjiang, China. BMC Plant Biol. 2023 Apr 3;23(1):174.

□ 磁化水で日本晴（Nipponbare）のイネの成長アップ

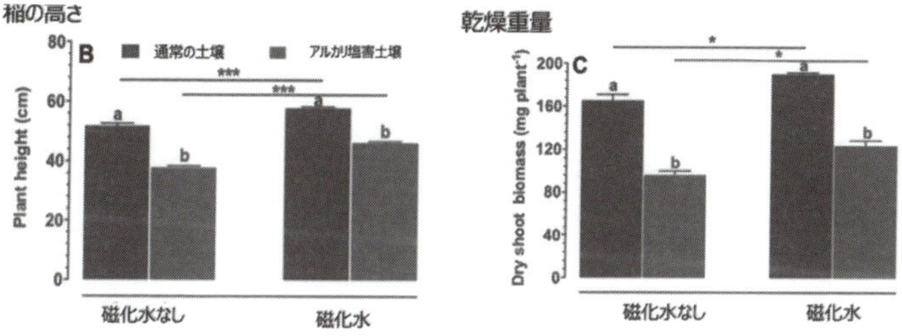

Spring irrigation with magnetized water affects soil water-salt distribution, emergence, growth, and photosynthetic characteristics of cotton seedlings in Southern Xinjiang, China. BMC Plant Biol. 2023 Apr 3;23(1):174.

日本晴（Nipponbare）の根の成長

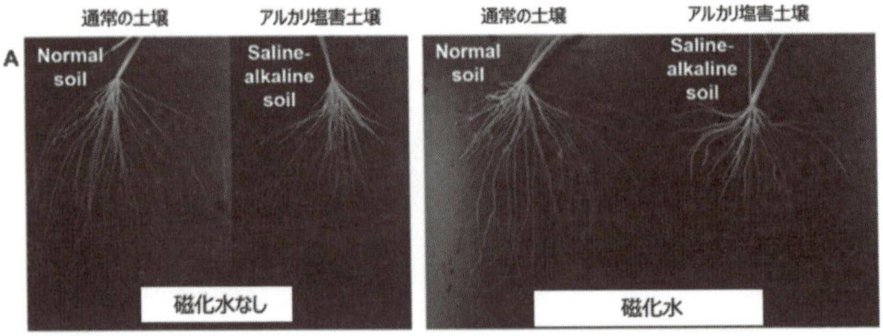

磁化水で日本晴（Nipponbare）の根の成長がアップ

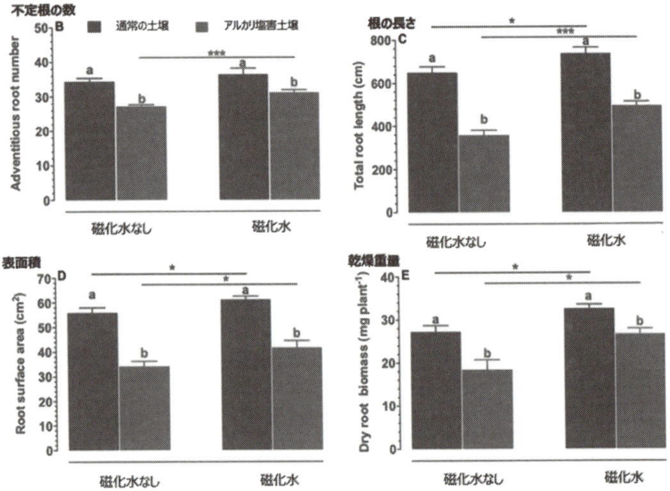

磁化水によって植物の窒素固定がアップ

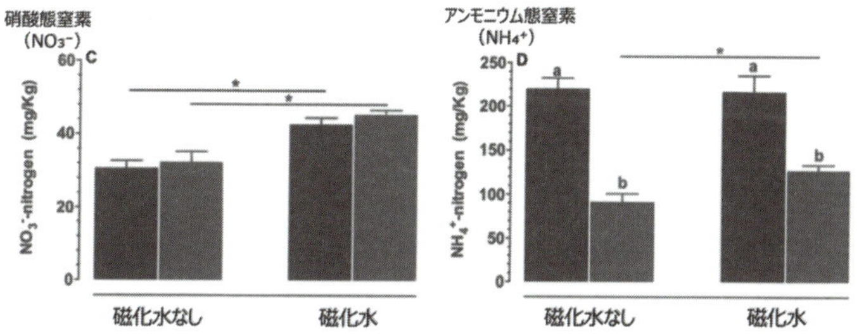

硝酸態窒素（NO_3^-）とアンモニウム態窒素（NH_4^+）は植物の成長に重要な2つの窒素源

なぜ磁化水で植物の成長がアップするのでしょうか？

これは、**磁化水が光合成を担うクロロフィルの合成を高め、光合成の効率をアップさせる**からです。インゲンマメや米、綿、タバコ、トウモロコシの実験で実証されています[460][461][462][463][464]。

磁化水によるインゲンマメのクロロフィルの増加

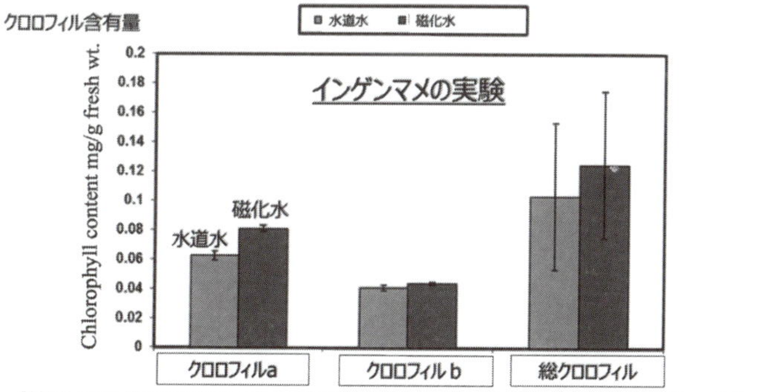

Chlorophyll B- It is a type of accessory pigment responsible for passing on light energy to chlorophyll a

Static Magnetic Field With 2 mT Strength Changes the Structure of Water Molecules and Exhibits Remarkable Increases in the Yield of Phaseolus vulgaris. Plant Archives (09725210) 2021; 21(1).

米のクロロフィルおよび光合成率がアップ！

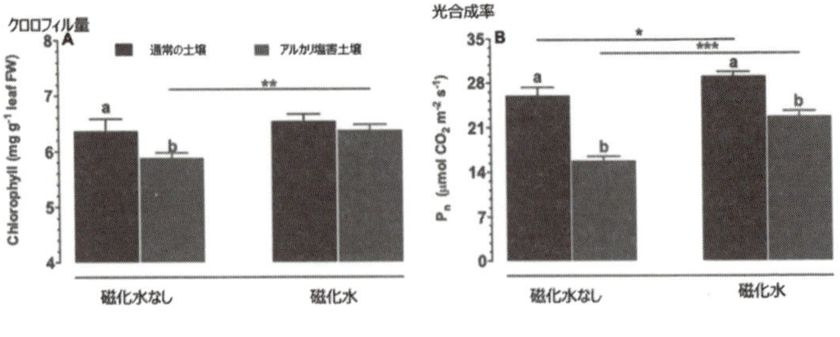

Irrigation with magnetized water alleviates the harmful effect of saline-alkaline stress on rice seedlings.
Ma C, Li Q, Song Z, Su L, Tao W, Zhou B, Wang Q. Int J Mol Sci. 2022;23.

綿のクロロフィルおよび光合成率がアップ！

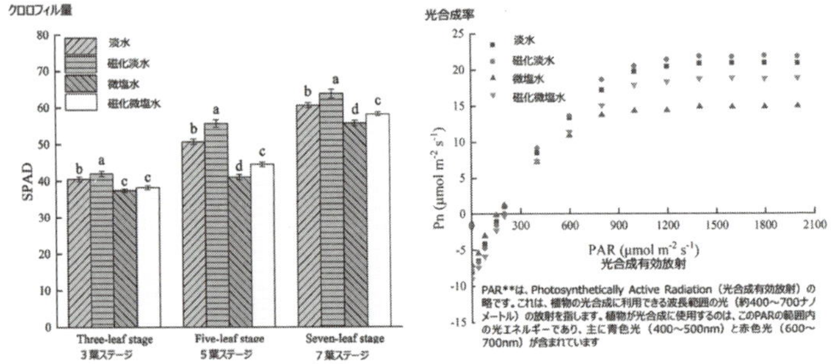

Spring irrigation with magnetized water affects soil water-salt distribution, emergence, growth, and photosynthetic characteristics of cotton seedlings in Southern Xinjiang, China. BMC Plant Biol. 2023 Apr 3;23(1):174.

さらに磁化水は土壌を変化させる効果も絶大です。磁化水灌漑は、塩害土壌における水と塩分の分布を変え、土壌の保水能力と塩分の浸透能力を向上します[465]。

比較的低い磁場による磁化によって、水の粘度が増加し、磁場下で水素結合が強くなることで、より多くの水が土壌粒子を取り囲むようになり、塩の脱塩が促進されます。構造（CD）水が土に結合し、団粒構造が安定するのです。

ナツメ（Jujube）を使った磁化水の土壌の保水力への影響

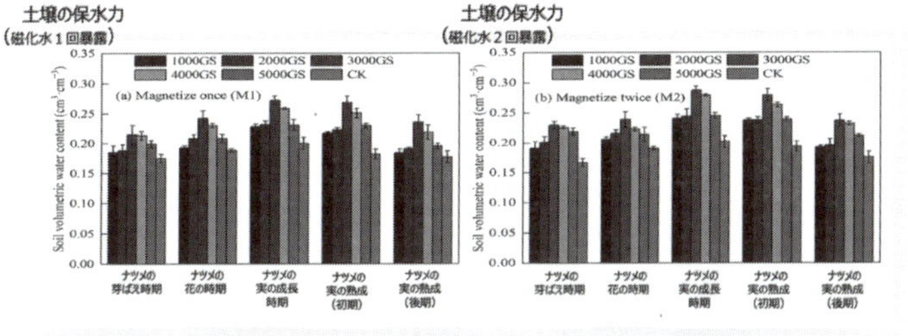

磁化水は土壌の保水能力を高め（水分子が土壌粒子に結合しやすくなる）、塩害の塩を溶かして土壌の深層に浸透させる

Effect of Magnetized Brackish Water Drip Irrigation on Water and Salt Transport Characteristics of Sandy Soil in Southern Xinjiang, China. Water 2023, 15(3), 577;

そして、脱塩した過剰なミネラル群は、土中深く浸透していきます。塩水が一定の速度で磁化されると、表面張力が低下するため、水が土壌表面を通過する際の浸透を促進するからです。磁化された水は水分子のクラスター構造を変化させることで、その分子間結合を弱め、細胞を通過しやすくなる性質を持つため、細胞への浸透率が高まります[466][467]。

したがって、**磁化水は細胞への浸透力が高まるため、非磁化処理と比較して、栄養素の吸収率が高まります**。**その結果、磁化水で灌漑された植物の総炭素含有量、総窒素含有量やミネラル量が増加します**[468][469]。

磁化水によるミネラル・窒素吸収効率のアップ

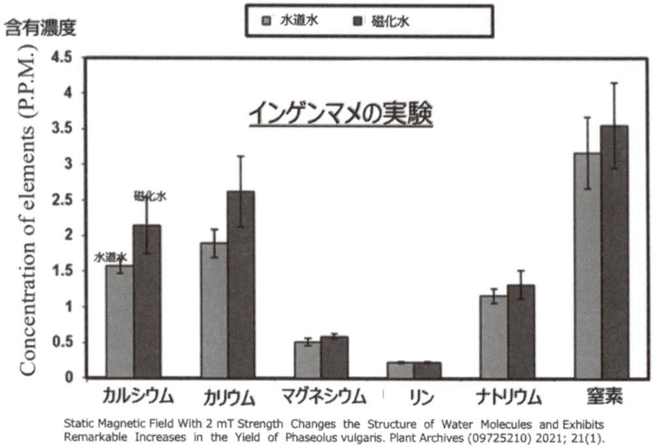

また構造（CD）水が植物に結合することで、干ばつに耐性が向上します[470][471][472][473][474]。

構造（CD）水のそのほかの応用

13

私たちの体内、あるいは植物の構造（CD）水の量を調べることで、健康状態が予測できます。生体内の誘電場は、水分量と比例しています。したがって、誘電場を測定する機器（組織誘電定数（TDC）機器）で構造（CD）水の量を推測することができます[475][476]。ある**食品の構造（CD）水を調べることは、食品偽造検出にも有効**です。たとえば、世界でも食品偽装のトップのひとつであるハチミツの偽装を見分けるのにも有効です。

加熱処理した偽装ハチミツは、構造（CD）水の割合が減少し、バルクの水が増えることがわかっています[477]。また、遺伝子組換えコーンを化学処理して製造したブドウ糖果糖液糖（HFCS）を純粋ハチミツに混ぜることでも、構造（CD）水の割合が減少し、バルクの水が増えます[478]。

□ 加熱処理およびシロップ混入の偽造ハチミツの検出

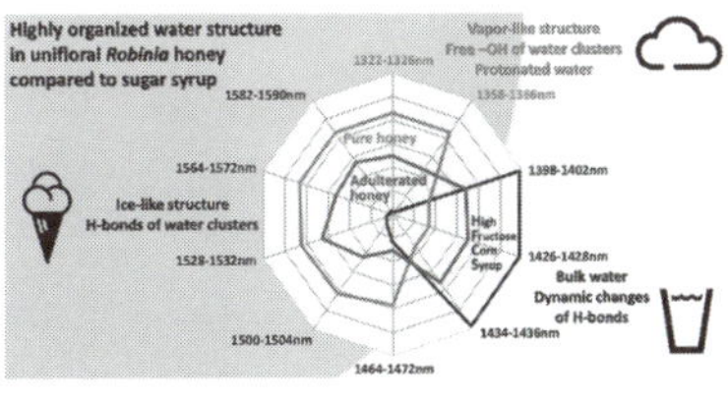

いずれの偽装でも構造水が減少し、バルクの水が増加

したがって、**ハチミツの構造（CD）水とバルクの水の割合を調べることで、簡単に偽装ハチミツを見分けることが可能になります**。ちなみに、ハチミツに関連して、プロポリスの抗菌作用が謳われています。プロポリスは構造（CD）水を結合しているために、バクテリアなどの粒子を排除する（EZ水）ことで抗菌作用を持ちます。

構造（CD）水は建築領域でも非常に有用です。水道水や蒸留水と比較して、湧水（＝構造（CD）水）を使用したセメントペーストの水スペクトルパターンは、強く結合した結晶水（1,490～1,559nmの領域）の増加が認められました。これはセメントペーストに構造（CD）水が強く結合していることを意味します。さらに湧水のセメントペーストは、乾燥収縮に対する抑制性能が向上しました[479]。

□ 構造（CD）水は建築領域でも非常に有用

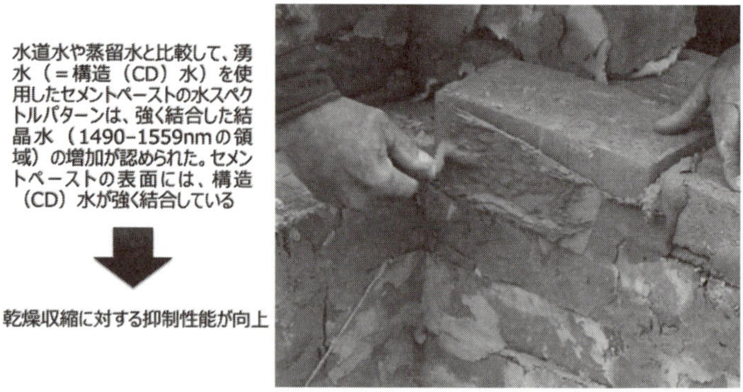
水道水や蒸留水と比較して、湧水（＝構造（CD）水）を使用したセメントペーストの水スペクトルパターンは、強く結合した結晶水（1490-1559nmの領域）の増加が認められた。セメントペーストの表面には、構造（CD）水が強く結合している
乾燥収縮に対する抑制性能が向上

Aquaphotomic Study of Effects of Different Mixing Waters on the Properties of Cement Mortar. Molecules. 2022 Nov; 27(22): 7885.

Chapter5

構造（CD）水で自然および心身が回復する

Chapter5

01 意識はどこにあるのか？

量子物理学者のパウリ（Wolfgang Pauli）と心理学者のユング（Carl Gustav Jung）の対話の中で、特定の物理的な身体に宿らない心（psyche、soul）は、量子真空（実際は、量子空間などは存在せず、すべてはエーテルというポテンシャル）を介して、生命体の異なる部分間の共鳴的な関係の集合体である可能性があるという考えが提示されました[480]。**私たちの身体や精神（意識）といったものは、このエーテルという目に見えないポテンシャルに存在する魂（soul）と共鳴することではじめて存在する**ことになります。したがって、**私たちは死を迎えたときに、意識や身体はなくなりますが、魂は目に見えないポテンシャル（エーテル）に存在する**のです。

これは、ラジオと信号（シグナル）の関係に似ています。ラジオ（身体）は、信号（魂）を受信しないと放送（＝意識）することができません。この魂を受信するアンテナにあたるのが、私たちの体内のCD水です。CD水が信号（魂）と共鳴することで、はじめてラジオ放送が可能になるのです。ラジオが壊れる（＝身体が死を迎える）と、放送することはできません。しかし、信号はなくなることはありません。**魂は私たちが死を迎えても、なくなることはない**のです。そして、ラジオ（身体）が健在であったとしても、CD水（アンテナ）がなくなれば放送（＝意識）できません。つまり、

CD 水が意識を司っているのです。

このことを間接的に証明する興味深い実験があります。麻酔科の世界は、現在まで意識を消失させる全身麻酔薬のメカニズムが不明のままでした。全身麻酔薬の濃度が高くなる、つまり**意識がなくなると、EZ 水の幅が 1/3 以下に縮小する**ことがわかったのです [481]。

◻ 全身麻酔薬が生物学的構造水（BSW）に与える影響

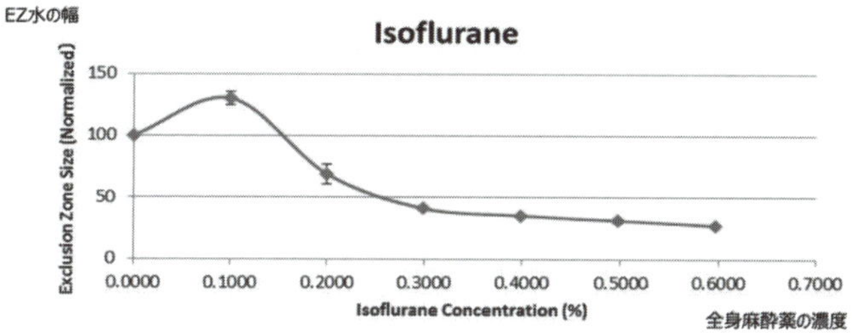

全身麻酔薬の濃度が高くなる（意識がなくなる）と、EZ水の幅が1/3以下に縮小

Effect of Local and General Anesthetics on Interfacial Water. PLoS One. 2016; 11(4): e0152127.

麻酔薬によって構造水（結合水）がバルクの水となって放出されるのです [482][483][484][485]。これは、**意識は構造水、つまり CD 水が担っていることを示す重要な知見**です。

Chapter5

02 植物の緑に囲まれると病気が治る理由

緑（植物）に囲まれる生活を送っていると、脳卒中、アルツハイマー病、パーキンソン病、認知症などのリスクが低下することが知られています[486][487][488][489]。しかし、現代のサイエンスではその理由が説明できませんでした。植物は太陽光からの電磁波全スペクトラムにさらされますが、可視光のみを吸収し、赤外線を反射します[489][490][491]。これは植物の葉緑体（chloroplast）に含まれる**クロロフィル**（chlorophyll）という緑の色素が関係しています。

□ 植物は太陽光からの電磁波全スペクトラムにさらされるが、可視光のみを吸収し、赤外線を反射する

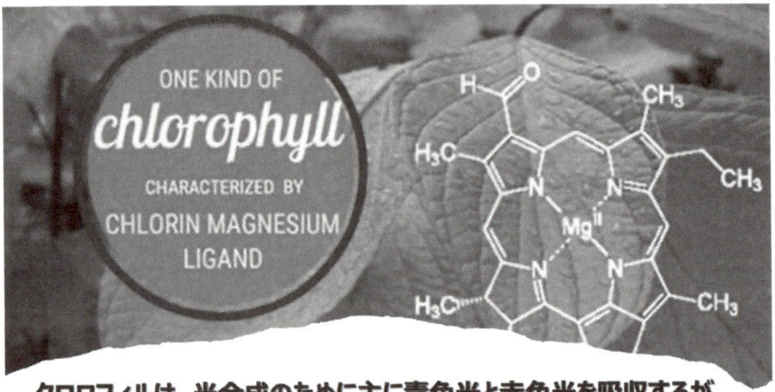

クロロフィルは、光合成のために主に青色光と赤色光を吸収するが、近赤外線（NIR）や一部の緑色光は吸収されずに反射される

クロロフィルは光合成のために、主に青色光と赤色光を吸収しますが、近赤外線（NIR）や一部の緑色光は吸収されずに反射されます。

また、植物の細胞壁は、セルロースやペクチンなどの物質で構成されており、これらの物質は近赤外線を強く反射します。樹木の幹や枝のような木質部分（リグニンが主成分）でも、赤外線の反射が顕著です。つまり、**緑色の植物は、太陽光の（近）赤外線を放射している**ということです。**周囲に緑色の植物があると、その（近）赤外線を受けるため、私たちの体内のバルクの水が構造（CD）化される**ことになります。植物の放射による体内の水の構造（CD）化が、私たちの健康を回復する重要なメカニズムです。

さらに、構造（CD）水で灌漑された室内植物からの蒸気（ガス状の渦流水）によって、脈が低下し、ストレス応答力が増すことが報告されています[494]。

構造水で灌漑された室内植物からの蒸気（ガス状の渦流水）によって、脈が低下し、ストレス応答力が増す

Heart rate and heart rate variability response to the transpiration of vortex-water by Begonia Eliator plants to the air in an office during visual display terminal work. J Altern Complement Med 2008 Oct;14(8):993-1003. doi: 10.1089/acm.2007.0525.

この事実は、大気に漂うCD水（構造水）を吸い込んでも健康効果があることを示しています。自然の滝の水しぶきが身体によい理由もこれとまったく同じです。

アルプスの滝の水滴では、直径100nmのCD水が形成されます。このCD水は、滝から500m離れた場所でも認められます[494]。

滝の水しぶきが体によい理由

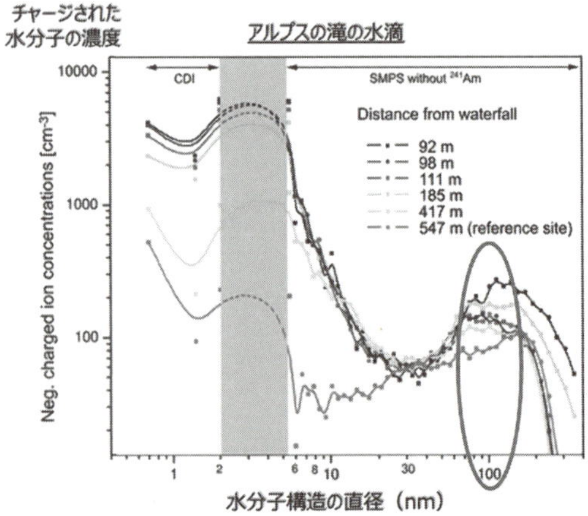

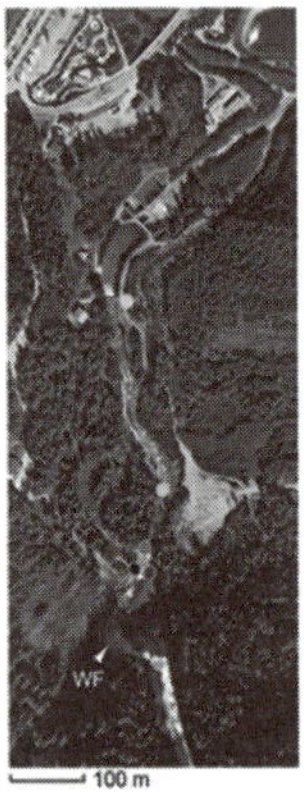

100nmの水構造（CD）は、滝から離れても構造が一定している

Evidence of coherent dynamics in water droplets of waterfalls. Water 2013; 5: 57-68.

戦略的脱水（drying without dying）という究極の健康法 03

胞子形成性の細菌、真菌、植物、そして一部の多細胞動物種などは、「**無水生存**（Anhydrobiosis）」と呼ばれる状態を誘導し、細胞内水分含有量を最小限に抑え、長期にわたって生命を維持できます[495]。これらの生物は老化率が低く、生命維持に理想的な条件が戻るまで、無水状態で生き続けることができます[496][497][498]。

戦略的脱水（無水生存：Anhydrobiosis）

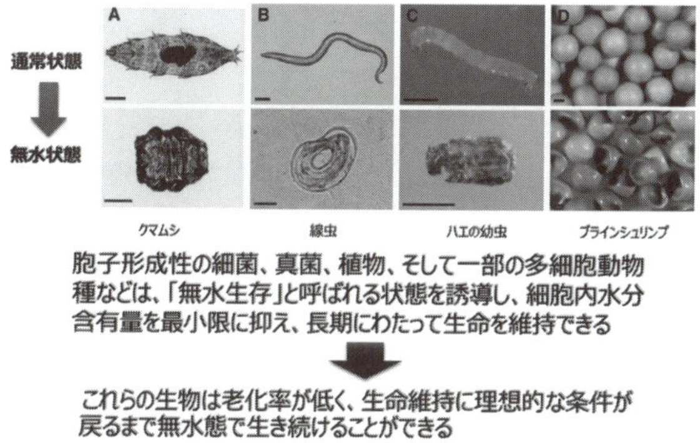
A
B
C
D
通常状態
無水状態
クマムシ
線虫
ハエの幼虫
ブラインシュリンプ
胞子形成性の細菌、真菌、植物、そして一部の多細胞動物種などは、「無水生存」と呼ばれる状態を誘導し、細胞内水分含有量を最小限に抑え、長期にわたって生命を維持できる
これらの生物は老化率が低く、生命維持に理想的な条件が戻るまで無水態で生き続けることができる

復活植物の一種であるハベルレア・ロドペンシス（Haberlea rhodopensis）は、乾燥中に構造（CD）水を蓄積し、バルクの水を減少させています[499]。これは**細胞内のバルクの水を引き抜き、構造（CD）水をキープすることが老化防止や生存に有利である**ことを示しています。

このような「戦略的脱水（drying without dying）」による健康効果は、私たちにもあてはまるのでしょうか？

これは、高塩分食のガン抑制効果を見れば、同じメカニズムが私たちにも通用することがわかります。マウスの皮下に悪性黒色種と肺ガン細胞を注入し、普通食と高塩分食でのガン組織の成長を比較した実験が報告されています[500]。皮下注入15日後の時点で、いずれのガンも、高塩分食のグループではその体積が半分以下でした。

□ 高塩分食の抗ガン効果

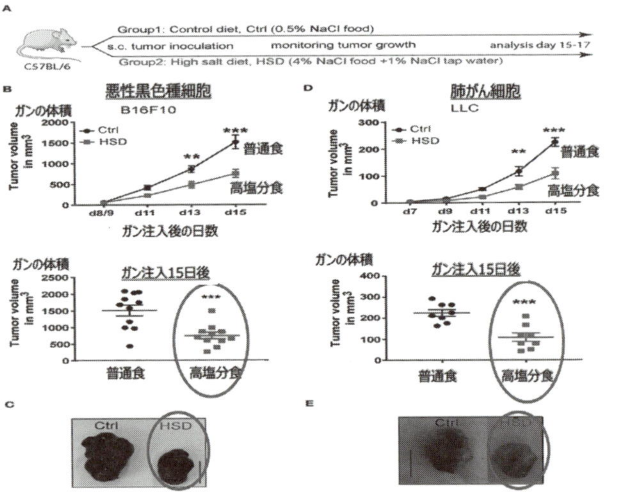

High Salt Inhibits Tumor Growth by Enhancing Anti-tumor Immunity. Front Immunol. 2019; 10: 1141.

ガンは細胞内にバルクの水が増加している病態です。したがって、塩のような水を引き抜く作用のある物質を投与すると、細胞内のバルクの水が減少して、細胞内のストレス状態を緩和できるのです。塩以外の水を引き抜く作用のある物質を投与しても、ガン組織が縮小していくことが複数報告されています[501][502][503][][504][505]。

塩や糖など、浸透圧の調節やストレス保護を助ける低分子化合物を総称して「オスモライト（osmolytes）」と総称しています。特に、塩分、乾燥、温度変化などの環境ストレスから細胞やタンパク質を保護するために重要な役割をしています。ショ糖、グルコース、グリセロール、トレハロース、グリシン誘導体（ベタイン、N,N,N-トリメチルグリシン）、タウリン、プロリン、尿素（polyols、amino acids、amines、urea and its derivatives）などがその代表です[505]。そのオスモライトの中でも、水の構造をつくるものは、ショ糖やグルコース、トレハロース、グリセロール、グリシン誘導体（ベタイン、N,N,N-トリメチルグリシン）、TMAO（trimethylamine N-oxide）などの物質です[507][508][509][510][511]。糖質やグリシンなどは、糖のエネルギー代謝を高める作用で水を構造化しますが、その物質自体も水を構造化させる作用があるのです。

□ オスモライト（osmolytes）のうち、水の構造をつくるもの

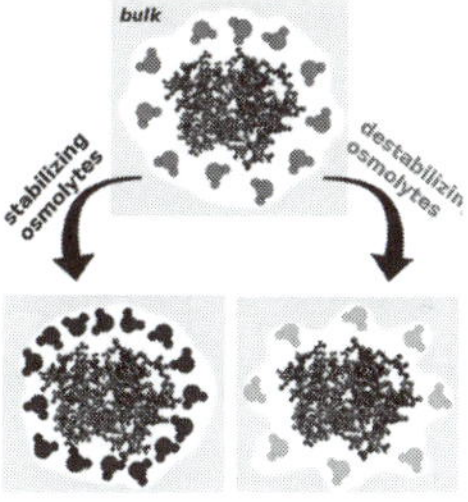

ショ糖、グルコース、トレハロース、グリセロール、グリシン誘導体（ベタイン、N,N,N-トリメチルグリシン）、TMAO（trimethylamine N-oxide）など

Chapter5

04 日光浴の重要性とその代替方法

真っ黒に日焼けした屋外労働者は、オフィスワーカーと同じように質の悪い飲食をしていても、心身ともに健全な人が多い印象はないでしょうか？

これは、単に身体を動かすことがよいというだけでなく、屋外にいることが絶大な健康効果をもたらしています。そのことを詳しく説明していきましょう。

私たち生体にとって、強力な毒性物質である「一酸化窒素（NO）」は、ストレス時に産生されて、炎症を加速させます。この物質は、血管内皮細胞でも産生されています。このときに作用する酵素は、「**血管内皮一酸化窒素合成酵素（eNOS）**」と呼ばれています。この酵素は、炎症時や夜（太陽光がない）には、一酸化窒素（NO）を産生します。

ところが、eNOS は、太陽光の下ではコレステロール硫酸（CS）や硫酸化多糖類（sulfated polysaccharides）などの硫酸エステル（バイオサルフェイト）の合成を触媒します[512]。コレステロール硫酸の25-ヒドロキシコレステロール硫酸（25-hydroxycholesterol sulfate：25HCS ）やDHEA 硫酸（DHEA sulfate）は、一酸化窒素（NO）の正反対の強い炎症抑制作用を持っています[513][514]。

日中に日光浴が不十分だと、硫酸エステルの合成が低下する一方で一酸化窒素（NO）産生が増加し、糖尿病や心臓血管疾患などの慢性病になります。実際に疫学的調査では、緯度と血清コレステロール値（コレステロール硫酸）、および日光浴と心臓血管疾患による死亡は逆相関関係にあることが報告されています[515]。緯度が高い地域ほど、そして**日光浴やコレステロール硫酸が少ないほど、心臓血管疾患の死亡リスクが高い関係にある**のです。ちなみに、**日焼け止めに使用される水酸化アルミニウムやレチノイン酸（ビタミンA）は、皮膚での硫酸コレステロールの合成をブロックします**[516][517][518]。

eNOSは、解毒の酵素と呼ばれている「**サイトクローム P450：cytochrome P450**」の一種です[519]。したがって、サイトクロームP450の作用をブロックする水銀、アルミニウム、カドミウム、ヒ素、鉛やグリホサートもeNOSの作用をブロックし、硫酸コレステロールやヘパラン硫酸などのバイオサルフェイトの合成をブロックする可能性があります[520][521][522][523][524]。

体内の硫黄化合物（バイオサルフェイト）は構造（CD）水を形成することをChapter4でお伝えしました。

硫黄化合物（バイオサルフェイト）のもとになる硫黄を含む食品（卵などの動物性食品）を摂取することは、もちろん大切です。しかし、**日光浴が不十分であると、コレステロール硫酸などのバイオサルフェイトの合成が低下し、体内の構造（CD）水が減少します**。しかも、逆に一酸化窒素（NO）という毒性物質の合成が増えます。したがって、**日中に太陽光を浴びるという習慣が、体内の構造（CD）水をつくることで心身の健康につながる**のです。動物も日光欲を欠かさないのは、そのことを本能で知っているからです。

現代人は、日中の仕事が屋内でほとんど日光を浴びる時間がないという人が多数だと思います。そのようなケースでも、代替の方法が存在します。体内の構造（CD）水は、赤〜近赤外線の領域で形成されることを述べました。この赤〜近赤外線の波長の光を照射する治療を「**低出力光療法**：LLLT（low level light therapy）」あるいは「**光生体刺激**：photobiostimulatio」や「**光生体調整**：photobiomodulation」と呼びます。可視赤色光（かしせきしょくこう）（670 nm）、不可視近赤外線（NIR：800 〜 1090 nm）、遠赤外線（FIR：3 〜 25 μm）を用いた光治療です。

すでに拙著「エーテル医学への招待」（秀和システム刊）で、パーキンソン病などの神経変性疾患で使用されていることをお伝えしました。現在では、創傷治癒、脳卒中、外傷性脳損傷、神経変性疾患、ガン、体外受精、痛みの管理、Aβの沈着、プラークや線維形成のサイズおよび数の減少、誤って折りたたまれたタンパク質の除去、ATP産生の増加、ROS産生の減少、実行機能や認知機能、処理速度、記憶力、気分、エネルギー、睡眠の改善など、幅広く臨床応用されています[525][526][527][528][529][530][531][532][533]。

05 「重水素」という落とし穴

1933年に原子の質量が2の水素の同位体である重水素（deuterium）が発見されました[534]。重水素、核内に水素（^{1}H）よりも1個多い中性子を持っており、そのため異なる原子質量（通常の水素の2倍）と核スピンを持ち、異なる物理化学的特性および生化学反応を示します。これにより、同位体効果と呼ばれる反応の違いが生じます[535][536][537]。

この重水素を含む水を重水素水（HOD：D_2O）と呼びます。自然の水に重水素は、地理的条件（標高や緯度）、季節、気温によって若干の変動はあるものの、0.0079%（79 ppm）～0.0195%（JR195 ppm）、平均して0.015%（150 ppm）含んでいます[538][539][540]。したがって、**水道水の重水素水（HOD：D_2O）の平均濃度は、150 ppm程度**です。

自然の水では1（HOD＋D_2O）：3,300（H_2O）の割合です[541]。この**重水素は、糖のエネルギー代謝をブロックする**ことが、近年明確になっています。ミトコンドリアでの水素伝達系（電子伝達系と以前は呼ばれていた）において、水素が重水素に変換されると、重水素の移動に時間がかかるために熱およびATP産生に支障が生じます。さらに重水素は、水素伝達系で働くサイトクローム c オキシデースやATP合成酵素の作用を低下させることが報告されています[542][543]。

重水素は、一般的に生体内の反応のスピードを低下させます。重水素（D）は水素（H）より質量が約2倍大きいため、炭素－水素（carbon-protium：C-H）結合が炭素－重水素（carbon-deuterium：C-D）結合に変換されると、後者のほうが結合力が高いので、結合を解離させるのにより多大なエネルギーを必要とします。つまり反応速度が低下することになります[545][546][547]。

また、水分子と接触しているタンパク質などの生体分子の水素分子が重水素に置き換わります。この重水素は、通常の水素よりも結合が強く、かつ強い結合によって立体構造が変化します[548][549]。この構造の変化が酵素の活性部位に起きれば、酵素の作用が低下します[550]。

構造（CD）水中の水素が重水素に置き換えられると（D_2O、いわゆる“重水”）、通常の水（H_2O）と比べて結合エネルギーが高く、化学反応の速度や分子構造を変化させます。これにより、細胞内の水分子の配置や、構造水としての秩序を形成する能力が低下します[551][552]。ただし、H_2O の水素結合は、D_2O よりも強いことが指摘されています（D_2O の分子あたりの体積は H_2O よりもわずかに大きい）[553]。これが重水素の水（D_2O）では、構造水（水分子の水素結合で整列）ができにくい理由です。

そのほか、生体分子の HO^-、HS^- や H_3N の水素が重水素に変換されることで、酵素、そのほかのタンパク質や核酸などの構造・作用が変化します[554]。実際に重水素水は、インシュリンの分泌低下およびインシュリンの細胞への作用（糖の細胞への取り込み）をブロックすることが動物実験で確かめられています[555]。酵素反応、細胞分裂などの生体反応は、すべて構造（CD）水および糖のエネルギー代謝依存です。したがって、**構造（CD）水を減少させ、糖のエネルギー代謝をブロックする重水素は、あらゆる病態を引き起こす可能性があります**。

Chapter5

06 重水素減少水（DDW）の効果

水に含まれる重水素の量を減少させた**重水素減少水**（deuterium depletion water：DDW）がもたらす健康効果が数多く報告されています。

重水素減少水（DDW）は、ミトコンドリアでの酸化過程を促進し、代謝を高めます[556][557]。これは、ミトコンドリアのエネルギー代謝が甲状腺ホルモンに依存していることからもわかります。重水素減少水（DDW）は、甲状腺ホルモンの産生を促し、甲状腺刺激ホルモン（TSH）の産生を抑えるからです[558]。甲状腺刺激ホルモンはそれ自体が炎症を引き起こすストレスホルモンの一種です。したがって、**重水素減少水（DDW）は近年、抗ガン作用、神経保護作用、抗老化作用、抗うつ作用、および抗糖尿病作用などの分野での重要性が示されている**のは当然といえます。

約30年前に、重水素減少水（DDW）（30～40 ppm）が、異種移植された腫瘍を有するマウスの腫瘍増殖を抑制し、腫瘍を有するマウスの生存率を有意に延長することが報告されました[559]。この画期的な研究以来、さまざまなガンに対して重水素減少水（DDW）の抑制効果が報告されました。対象となったガンは、鼻咽頭ガン、肺ガン、乳ガン、膵臓ガン、結腸直腸ガン、黒色腫、前立腺ガンなど多岐にわたります[560][561][562][563][564][565]。また、**重**

水素減少水（DDW）は細胞移動を著しく抑制することで、これは腫瘍の進展および転移を抑えます[566]。

重水素減少水（DDW）の臨床試験においても、生存期間の延長、主観的症状の緩和、腫瘍サイズの縮小、腫瘍の転移および再発の予防といった効果が示されています[567][568][569][570][571][572][573]。

米国において、水道水中の重水素濃度が 10 ppm 増加するごとに、抑うつの発生率が 1.8%増加するという相関関係が認められています。

水道水中の重水素濃度とうつ病の関係

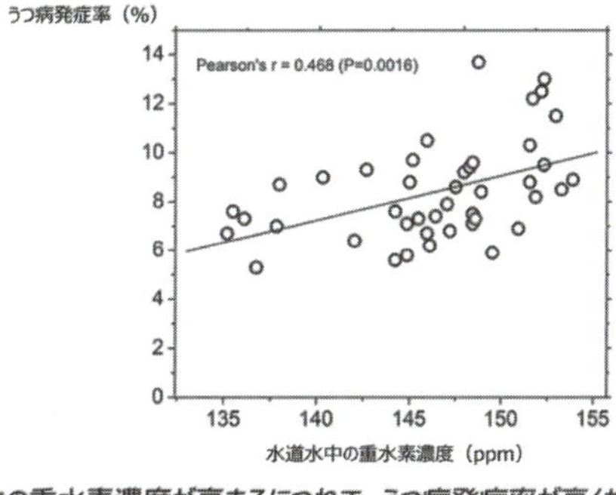

水道水中の重水素濃度が高まるにつれて、うつ病発症率が高くなる相関関係が認められる

Deuterium content of water increases depression susceptibility: the potential role of a serotonin-related mechanism. Behav Brain Res. 2015 Jan 15:277:237-44.

この相関関係を確かめるために行った動物実験でも、重水素摂取の減少がラットにおける抑うつ様状態を改善することが確認されています[574]。

重水素減少水（DDW）の抗老化および抗酸化効果に関する研究も、近年注目されています。2018 年の動物実験では、通常の水（150 ppm の重水素含量）を摂取していたコントロール群と比較して、46 ± 2 ppm の重水素減少水（DDW）を 5 週間摂取した高齢（20 ～ 22 カ月齢）の雌ラットにおいて、発情周期の回復、毛皮の状態の改善、皮膚殺菌力の向上といった老化防止効果が観察されました[575]。

また、重水素減少水（90 ppm）は、線虫（C. elegans）の寿命を延ばしたことも確認されています[576]。

重水素減少水（DDW）はインスリン分泌を促進し、グルコースおよび脂質代謝を改善することが報告されています。これにより、インスリン抵抗性や 2 型糖尿病の予防および進行の遅延が期待されています[577]。糖尿病ラットモデルにおいて、重水素減少水（125 ～ 140 ppm）は、グルコースの取り込みを増加させ、血糖値およびグリコシル化ヘモグロビン（HbA1c）レベルを低下させることが確認されています[578]。

さらに、**重水素減少水（DDW）は、有害物質や代謝産物の除去において有効であり、特にカドミウム、クロム、マンガン、四塩化炭素、ゲンタマイシンなどによる毒性効果を軽減する**ことが示されています[579][580][581][582]。

07 山の湧水の重要性

重水素が水の成分として多い条件とは何でしょうか？

まず水素と重水素の特性の違いに注目してみるとよいヒントになります[583]。

- 分子量は、水素水（H_2O）が 18.2、重水素水（D_2O）は 20.03
- 沸点は、水素水（H_2O）が 100℃、重水素水（D_2O）は 101.7℃
- 凝固点は、水素水（H_2O）が 0℃、重水素水（D_2O）は 3.82℃

以上から、水分が揮発する場合は、水素水が先になります（水蒸気には重水素が少ない）。このことから、**蒸留水には重水素が少ない**ことがわかります。

また、**海、特に赤道に近い海は重水素水の割合が高くなります**。一方、**南極や北極、山は、水分が蒸発しないので重水素の割合が低くなります**。

そして海の水蒸気が揮発して雲になり、その雲から雨が降る場合は重い重水素水から滴下します。このことから、海から離れた雲からの雨や雪ほど重水素がない水素水の成分が高くなります（重水素水は先に滴下する）[584]。そして熱帯地方の雨水が染み込む地下水は、当然重水素水の濃度が高くなります。

同じ原理で**冬の雨は、夏の雨よりも重水素の割合は低くなります**（冬の雲はより重水素の濃度が低い）。

凝固点の違いからも、雪解け水（0℃に近い）には重水素水が少ないことも同時にわかります（重水素は先に液体となって流れ出す）。赤道および海岸線から離れた山岳地帯では、もともと重水素水が少ないうえに、その雪解け水はさらに重水素水が少ないことになります。山の雪解け水が美味しいのは、構造（CD）水であることと重水素が少ないことが関係しています。また氷は水に浮きますが、流氷では先に重水素水は重いために沈殿します。したがって、流氷はかなり重水素減少水（DDW）となっています。

以上をまとめると、

・標高があるところほど重水素は少ない
（'altitude' effect）
・海岸線から内陸に向かうほど重水素は少ない
（'continental' effect）
・赤道から離れるほど重水素は少ない

ことになります[585][586][587]。

高原の植物では、重水素の割合が少ないことがわかっています。実際に、**重水素減少水（DDW）を飲料とすると、女性の場合は、唾液＞血液＞乳汁の順に重水素の濃度が低下**します[588]。

したがって、私たちの体内の構造（CD）水をキープするためにも、水や食物の重水素の組成も重要になります。

体内の重水素濃度は環境中の重水素濃度レベルとよく相関しているため、**重水素減少水（DDW）を摂取することで、私たちの体内の重水素を減少させることができます**[589][590][591]。

Chapter5

08 心身ともに健全にキープする方法

最後に、これまでの内容から心身ともに回復、そしてその健全をキープする方法を以下にまとめます。

- CD 水および DDW 水を飲む（バルクの水を飲まない）
- 体内で CD 水を産生する
  - ▶ 糖のエネルギー代謝を高める（ミトコンドリアの熱産生）
  - ▶ 太陽光あるいはレッドライトを浴びる
  - ▶ オスモライト、バイオサルフェイト（卵、動物性食品）の摂取
  - ▶ 緑に囲まれた生活を送る
  - ▶ 定期的に、コアトレーニング、ヨガ（結合組織のストレッチ）を行う
  - ▶ ノイズ（人工的 EMF）を避ける

まず、普段の飲み水に留意しなければなりません。**水を大量に飲む健康法が喧伝されていますが、これほどナンセンスな話はありません**。

水の「質」が最も大切であること。そして、むしろ**戦略的脱水による健康効果**に見られるように、量は少なくても問題ありません。水をまったく飲まず、フルーツなどの食べものからの水分だけで健康に生きている人を複数知っています。**フルーツなどの自然の食品は、ほとんどが構造**

（CD）水です。農作物、果実あるいは畜産物が構造（CD）水や重水素減少水（DDW）で育ったものであれば、最高の水分補充源になります。

太陽光やレッドライトはミトコンドリアを活性化して、構造（CD）水をつくるだけでなく、重水素減少水（DDW）もつくり出します。ミトコンドリアのTCA回路に存在するとされる水和酵素（hydratase enzymes：水を付加したり、除去したりする酵素）や水素伝達系に存在する酵素が重水素減少水（DDW）をつくるからです[592][593]。

余分なバルクの水を細胞内から除去してくれるオスモライトであるショ糖、グルコースなどの糖質やグリシンの誘導体は、私たちの体内の水の構造（CD）もつくることができます。

また血管内皮や細胞の構造（CD）水をつくる硫黄化合物（バイオサルフェイト）は、卵や乳製品・肉類などの動物性食品に豊富に含まれています。

定期的にコアトレーニングやヨガを行うことは、特に結合組織のコラーゲンを取り囲む構造（CD）水にエネルギーをチャージし、“気”を通します。コラーゲンに圧力がかかると誘電場が形成されるからです（拙著「エーテル医学への招待」秀和システム刊）。このコラーゲンに蓄積したエネルギーは周囲の構造（CD）水に蓄積されます。

最後に、Wi-Fiなどの電磁波からなるべく遠ざかることが必須です。Wi-Fiやマイクロ波は、私たちの体内の構造（CD）水を破壊し、エネルギー量を減らしてしまいます。インターネットなどは有線を利用するようにしましょう。

私たちの自然環境にある水の“質”を変えることで、私たち生命体の成り立ちも180度変わります。このことを、繰り返し本書を読み返すことで、腑に落としていただければ幸いです。

おわりに

水は神秘の極み

本書を通じて、読者のみなさまと一緒に“水”という奥深いテーマを探求してきました。

水は、私たちにとってごく身近でありながら、その構造や特性は驚くほどの神秘に満ちています。水は、私たちの心身の健康の鍵を握るだけでなく、意識の源となっています。

私たちの身体に“水”がなければ、私たちは単なるチリの塊にすぎません。水こそが、生命体を生命体たらしめる生命の根源なのです。

水の持つ量子的特性、生命の根幹を支えるメカニズム、そしてそのエネルギーがどのように私たちの日常や地球環境に影響を与えているのかを考える中で、自然の偉大さに改めて気づかされました。

「水が秘めるパワーと魅力」を紐解く

自然の法則の根幹をなす「水が秘めるパワーと魅力」を紐解くことは、私たちが**生命の本質や宇宙の根源に、さらに近づく手助けとなる**でしょう。

また、この探求を通じて、**私たち一人ひとりが“水”をいかに尊び、保護していくべきかという意識が育まれていく**ことを願っています。

謝辞

2024年の1年を通じて「水の神秘」についての講演を開催させていただきました。私の真実の探究の中でも、今回の“水”のテーマは、エーテルと同じくらい壮大なテーマでした。

今回も、福田編集長に無理をお願いして、超特急で出版まで漕ぎ着くことができました。また、ご受講していただいたみなさまやいつも応援していただいているみなさまの力が、私の真実の探究への最大のあと押しとなっています。ここに深謝いたします。いつも本当にありがとうございます。

一滴の理解が未来につながる

最後に、この本を手に取っていただいたみなさまが、水の神秘に魅了され、日常の中で新たな視点を持って“水”と向きあう機会を得られたならば、著者としてこれ以上の喜びはありません。

この小さな一滴の理解が、やがて大きな波となって広がり、未来の世代へと続く知の一助となることを願って。

崎谷博征

参考・引用文献

Chapter 1　眠れなくなるほど面白い"水"の神秘

[001]　Water structure, properties and some applications - A review. Chemical Thermodynamics and Thermal Analysis 6 (2022) 100053.

[002]　Water structure, properties and some applications - A review. Chemical Thermodynamics and Thermal Analysis 6 (2022) 100053.

[003]　The structural origin of anomalous properties of liquid water. Nat Commun 6, 8998 (2015).

[004]　Pressure dependence of viscosity. J Chem Phys. 2005 Feb 15;122(7):074511.

[005]　The Structure Of Liquid Water; Novel Insights From Materials Research; Potential Relevance To Homeopathy. Mat Res Innovat. 2005;9(4):577-608.

[006]　Pagnotta, S. and Bruni, F. (2007) The Glassy State of Water: A "Stop and Go" De- vice for Biological Processes. In: Pollack, G.H., et al., Eds., Water and the Cell, Springer Verlag, Heidelberg, 93-112.

[007]　How cryoprotectants work: hydrogen-bonding in low-temperature vitrified solutions. Chem Sci. 2022 Aug 31; 13(34): 9980-9984.

[008]　The limits to tree height. Nature. 2004;428:851-854.

[009]　Simulating nectarine tree transpiration and dynamic water storage from responses of leaf conductance to light and sap flow to stem water potential and vapor pressure deficit. Tree Physiol. 2015;35:425-438.

[010]　On the ascent of sap. Ann Bot. 1894;8:468-470.

[011]　Experimentelle beiträge zur kenntnis der wasserbewegung. Flora. 1911;113:171–247.

[012]　Sap pressure in vascular plants. Science. 1965;148:339-346.

[013]　Ascent of sap in trees. Science. 1972;176:1129-1131.

[014]　Implications of mucilage on pressure bomb measurements and water lifting in tress in high-salinity water. Trees. 2002;16:100-111.

[015]　High molecular weight compounds in the xylem sap of mangroves: implications for long-distance water transport. Botanica Acta. 1994;83:183-192.

[016]　Armstrong, W.G. The Newcastle Literary and Philosophical Society. Electr. Eng. 1893, 154-155.

[017]　The floating water bridge. J Phys D Appl Phys. 2007;40:6112.

[018]　The Preparation of Electrohydrodynamic Bridges from Polar Dielectric Liquids. J. Vis. Exp. (91), e51819, doi:10.3791/51819 (2014).

[019]　Ultrafast vibrational energy relaxation of the water bridge. Phys Chem Chem Phys. 2012 May 14;14(18):6160-4.

[020]　Artemov, V. (2021). The Dielectric Properties and Dynamic Structure of Water and Ice. In: The Electrodynamics of Water and Ice. Springer Series in Chemical Physics, vol 124. Springer, Cham (https://doi.org/10.1007/978-3-030-72424-5_4).

[021]　Floating liquid bridge tensile behavior: Electric-field-induced Young's modulus measurements. Appl. Phys. Lett. 103, 251608 (2013).

[022]　Floating liquid bridge charge dynamics. Phys. Fluids 2016, 28, 012105.

[023]　A Quasi-Elastic Neutron Scattering Study of the Dynamics of Electrically Constrained Water. J. Phys. Chem. B 2015, 119, 15892-15900.

[024]　Mesure de la force agissant sur les di_lectriques liquides non _lectris_s plac_s dans un champ _litrique. C R Acad Sci Paris. 123,691-696, (1896).

[025]　Effect of high salt concentrations on water structure. Nature. 1995 Nov 23;378(6555):364-6.

[026]　Electrowetting Using a Microfluidic Kelvin Water Dropper . Micromachines (Basel). 2018 Feb 25;9(3):92.

[027]　Pressure-driven ballistic Kelvin's water dropper for energy harvesting. Lab Chip. 2014 Nov 7;14(21):4171-7.

[028]　Why Dissolving Salt in Water Decreases Its Dielectric Permittivity. Phys Rev Lett. 2023 Aug 18;131(7):07680

[029]　A unified mechanism for ice and water electrical conductivity from direct current to terahertz, Physical Chemistry Chemical Physics, 21 (2019) 8067-8072.

[030]　Quantum Electrodynamics Coherence and Hormesis: Foundations of Quantum Biology. Int J Mol Sci. 2023 Sep; 24(18): 14003.

[031]　Modeling Dielectric-constant values of Geologic Materials: An Aid to Ground-Penetrating Radar Data

Collection and Interpretation. Current Research in Earth Sciences, Bulletin 247, part 1, (https://doi.org/10.17161/cres.v0i247.11831）(Improvement of the Electrical Insulating Property of Polypropylene by Electron Beam Irradiation. Kasetsart J. (Nat. Sci.) 48: 111-119 (2014).

[032] Influence of anatase-rutile phase transformation on dielectric properties of sol-gel derived TiO2 thin films. J. Electroceramics. 2006;16:447-451.

[033] Blood Coagulation on Titanium Dioxide Films with Various Crystal Structures on Titanium Implant Surfaces. Cells. 2022 Aug 23;11(17):2623.

[034] Is Water the Universal Solvent for Life?. Orig Life Evol Biosph 42, 405-409 (2012).

[035] The role of intermolecular forces in ionic reactions: the solvent effect, ion-pairing, aggregates and structured environment. Org. Biomol. Chem., 2021, 19, 1900-1914.

[036] Dielectric constant of ionic solutions: Combined effects of correlations and excluded volume. J. Chem. Phys. 149, 054504 (2018).

[037] Water-protein interactions from high-resolution protein crystallography. Philos Trans R Soc Lond B Biol Sci. 2004 Aug 29;359(1448):1191-204.

[038] Cooperative charge fluctuations by migrating protons in globular proteins. Prog Biophys Mol Biol. 1998;70(3):223-49.

[039] Water Dynamics in the Hydration Shells of Biomolecules. Chem Rev. 2017 Aug 23;117(16):10694-10725.

[040] Water as the often neglected medium at the interface between materials and biology. Nat Commun. 2022 Jul 21;13:4222.

[041] A molecular jump mechanism of water reorientation. Science. 2006 Feb 10;311(5762):832-5.）(On the molecular mechanism of water reorientation.J Phys Chem B. 2008 Nov 13;112(45):14230-42.

[042] Water jump reorientation: from theoretical prediction to experimental observation. Acc Chem Res. 2012 Jan 17;45(1):53-62.

[043] A structure-dynamics relationship enables prediction of the water hydrogen bond exchange activation energy from experimental data. Chem Sci. 2023 Dec 28;15(6):2197-2204.

[044] Structure of Water Near Solid Interfaces. Ind. Eng. Chem. 1969;61:10-47.

[045] Phase transitions in biological systems: Manifestations of cooperative processes in vicinal water. Ann. N. Y. Acad. Sci. 1973;204:100-112.

[046] Mollenhauer, H.H. and Morr_, D.J. (1978) Structural Compartmentation of the Cy- tosol: Zones of Exclusion, Zones of Adhesion, Cytoskeletal and Intercisternal Elements. In: Roodyn, DB., Ed., Subcellular Biochemistry, Plenum Press, New York, 327-362.

[047] Electromagnetic nature of forces of repulsion forming aureoles around cells. Colloid J. USSR. 1986;48:209-211.

[048] Surfaces and interfacial water: evidence that hydrophilic surfaces have long range impact. Adv Colloid Interface Sci 2006 Nov 23;127(1):19-27.

[049] Effects of unstirred layers on membrane phenomena. Physiol Rev. 1984 Jul;64(3):763-872.

[050] Effects of unstirred layers on membrane phenomena. Physiol Rev. 1984 Jul;64(3):763-872.

[051] Pollack, G.H. and Clegg, J. (2008) Unexpected Linkage between Unstirred Layers, Exclusion Zones, and Water. In: Pollack, G.H. and Chin, W.C., Eds., Phase Transi- tions in Cell Biology, Springer Science & Business Media, Berlin, 143-152.

[052] A new theoretical foundation for the polarized-oriented multilayer theory of cell water and for inanimate systems demonstrating long-range dynamic structuring of water molecules. Physiol. Chem. Phys. Med. NMR. 2003;35:91-130.

[053] Relaxation time and viscosity of water near hydrophilic surfaces. Z. Physik B - Condensed Matter 67, 483-487 (1987).

[054] Molecular Structure of Water at Interfaces: Wetting at the Nanometer Scale. Chem. Rev. 2006;106:1478-1510.

[055] Ultrafast electron crystallography of interfacial water. Science. 2004 Apr 2;304(5667):80-4.

[056] Mineral-water interfacial structures revealed by synchrotron X-ray scattering. Prog. Surf. Sci. 2004;77:171-258.

[057] Sum-Frequency Vibrational Spectroscopy on Water Interfaces: Polar Orientation of Water Molecules at Interfaces. Chem. Rev. 2006;106:1140-1154.

[058] Weak interfacial water ordering on isostructural hematite and corundum (001) surfaces. Geochim. Cosmochim. Acta. 2011;75:2062-2071.

[059] Effect of Hydrogen-Bond Strength on the Vibrational Relaxation of Interfacial Water. J. Am. Chem. Soc. 2010;132:3756-3761.

[060] Long-range forces extending from polymer-gel surfaces. Phys. Rev. E. 2003;68:031408.

[061] Surfaces and interfacial water: Evidence that hydrophilic surfaces have long-range impact. Adv. Colloid Interface Sci. 2006;127:19-27.
[062] Visualization of Charge-Carrier Propagation in Water. Langmuir. 2007;23:11890-11895.
[063] Effect of buffers on aqueous solute-exclusion zones around ion-exchange resins. J. Colloid Interface Sci. 2009;332:511-514.
[064] Exclusion zone and heterogeneous water structure at ambient temperature. PLoS One. 2018 Apr 18;13(4):e0195057.
[065] Effect of Radiant Energy on Near-Surface Water. J Phys Chem B. 2009 Oct 22;113(42):13953-13958.
[066] The Possible Mechanism of Memory through Nanoparticles and Exclusion Zones. WATER 7 158-176, FEBRUARY 20, 2017.
[067] Surfaces and interfacial water: evidence that hydrophilic surfaces have long-range impact. Adv Colloid Interface Sci. 2006 Nov 23;127(1):19-27.
[068] Long-range interactions keep bacterial cells from liquid-solid interfaces: Evidence of a bacteria exclusion zone near Nafion surfaces and possible implications for bacterial attachment. Colloids Surf B Biointerfaces. 2018 Feb 1:162:16-24.
[069] Interfacial water and its potential role in the function of sericin against biofouling. Biofouling. 2019 Aug;35(7):732-741.
[070] Magnetic fields induce exclusion zones in water. PLoS One. 2022; 17(5): e0268747.
[071] Apparatus and method for exposing seeds to a magnetic field. US4020590A, May 3, 1977 (Albert Roy Davis,).
[072] Davis A.R., Rawls W.C. Exposition Press; 1974. Magnetism and its Effects on the Living System.
[073] Magnetic field direction differentially impacts the growth of different cell types. Electromagn Biol Med. 2018;37(2):114-125.

Chapter 2 水は"記憶"する

[074] Changes in heart transplant recipients that parallel the personalities of their donors. Integr Med. 2000 Mar 21;2(2):65-72.
[075] Beyond the Pump: A Narrative Study Exploring Heart Memory. Cureus. 2024 Apr 30;16(4):e59385.
[076] A change of heart: a memoir. New York: Warner Books; 1977
[077] Qual Life Res 1992;1(4):251-6
[078] Personality changes following heart transplantation: the role of cellular memory. Liester MB. Med Hypotheses. 2020;135:109468.
[079] Changes in heart transplant recipients that parallel the personalities of their donors. Pearsall P, Schwartz GE, Russek LG. Integr Med Integrating Conv Altern Med. 2000;2:65-72.
[080] Does changing the heart mean changing personality? A retrospective inquiry on 47 heart transplant patients. Bunzel B, Schmidl-Mohl B, Grundb_ck A, Wollenek G. https://doi.org/10.1007/BF00435634. Qual Life Res. 1992;1:251-256.
[081] Personality changes following heart transplantation: the role of cellular memory. Liester MB. Med Hypotheses. 2020;135:109468.
[082] Changes in heart transplant recipients that parallel the personalities of their donors. Pearsall P, Schwartz GE, Russek LG. Integr Med Integrating Conv Altern Med. 2000;2:65-72.
[083] Pearsall P. The heart's code: Tapping the wisdom and power of our heart energy.New York: Broadway; 1998.
[084] Personality changes following heart transplantation: the role of cellular memory. Liester MB. Med Hypotheses. 2020;135:109468.
[085] Changes in heart transplant recipients that parallel the personalities of their donors. Pearsall P, Schwartz GE, Russek LG. Integr Med Integrating Conv Altern Med. 2000;2:65-72.
[086] Personality changes following heart transplantation: The role of cellular memory. Med Hypotheses. 2020 Feb:135:109468.
[087] Watkins A. Kogan Page; 2013. Coherence: The Secret Science of Brilliant Leadership.
[088] Shang A et al. Are the clinical effects of homoeopathy placebo effects? Comparative study of placebo-controlled trials of homoeopathy and allopathy. Lancet 2005; 366: 726.
[089] Evidence Check 2: Homeopathy 2010. 2.8 (http://www.publications.parliament.uk/pa/cm200910/cmselect/cmsctech/45/45.pdf).
[090] http://www.who.int/medicines/areas/traditional/prephomeopathic/en/index.html
[091] Efficacy of homoeopathic treatment: Systematic review of meta-analyses of randomised placebo-controlled homoeopathy trials for any indication. Syst Rev. 2023; 12: 191.

[092] Photographischer Nachweis von Emanationen bei bio-chemischen Prozessen. Biochem. Z. 77, 13-16.
[093] Gurwitsch A. (1923). Die Natur des spezifischen Erregers der Zellteilung. Arch. Entwicklungsmechanik Organismen 100, 11-40.
[094] Cellular Communication through light. PLoS ONE. 2009;4:e5086.
[095] Crucial Development: Criticality Is Important to Cell-to-Cell Communication and Information Transfer in Living Systems. Entropy. 2021;23:1141.
[096] [Conditions controlling the development of distant intercellular interactions during ultraviolet radiation] Biull Eksp Biol Med. 1979 May;87(5):468-71.
[097] [Distant intercellular electromagnetic interactions in a 2 tissue culture system] .Biull Eksp Biol Med. 1980 Mar;89(3):337-9.
[098] Further Measurements on the Bioluminescence of the Seedlings. Experientia. 1955;11:479-4810.
[099] Light Emission by Germinating Plants. Il Nuovo Cim. 1954;12:150-153.
[100] Biophoton Emission: Experimental Background and Theoretical Approaches. Mod. Phys. Lett. B. 1994;8:1269-1296.
[101] Van Wijk R. (2014). Light in shaping life—Biophotons in biology and medicine. Geldermalsen: Meluna Research.
[102] Biological chemiluminescence. Photochem Photobiol. 1984 Dec;40(6):823-30.
[103] Super-high sensitivity systems for detection and spectral analysis of ultraweak photon emission from biological cells and tissues. Experientia. 1988 Jul 15;44(7):550-9.
[104] Biophotonics and Coherent Systems in Biology.(2007) Springer, Boston, MA.
[105] Interaction of two optically coupled whole blood samples during respiratory burst. Proceedings of the SPIE, Volume 2980, p. 490-498 (1997).
[106] [Coherent electromagnetic fields in the remote intercellular interaction] Biofizika. Sep-Oct 2001;46(5):894-90.
[107] Biophoton signal transmission and processing in the brain. J. Photochem. Photobiol. B Biol. 2014;139:71-75.
[108] Possible existence of optical communication channels in the brain. Sci. Rep. 2016;6:36508.
[109] Node of Ranvier as an Array of Bio-Nanoantennas for Infrared Communication in Nerve Tissue. Sci. Rep. 2018;8:539.
[110] Biophotons and Emergence of Quantum Coherence - A Diffusion Entropy Analysis. Entropy (Basel). 2021 May; 23(5): 554.
[111] Crucial Development: Criticality Is Important to Cell-to-Cell Communication and Information Transfer in Living Systems. Entropy (Basel). 2021 Sep; 23(9): 1141.
[112] Biophotonic Pattern of optical interaction between fish eggs and embryos. Indian J. Exp. Biol. 2003;41:424-430.
[113] Long-range coherence and energy storage in biological systems," Int. J. Quantum Chem. 2(5), 641-649 (1968).
[114] Coherent Electric Vibrations in Biological Systems and the Cancer Problem. IEEE Trans. Microwave Theor. & Techn. 1978;26:613.
[115] The biological effects of microwaves and related questions. Adv. Electron. Electron. Phys. 1980;53:85.
[116] Probing the collective vibrational dynamics of a protein in liquid water by terahertz absorption spectroscopy. Protein Sci. 2006;15:1175-1181.
[117] Terahertz underdamped vibrational motion governs protein-ligand binding in solution. Nat Commun. 2014 Jun 3;5:3999.
[118] Terahertz radiation induces non-thermal structural changes associated with Fr_hlich condensation in a protein crystal. Struct Dyn. 2015 Sep; 2(5): 054702.
[119] A study on molecular mechanisms of terahertz radiation interaction with biopolymers based on the example of bovine serum albumin. Biophysics (Nagoya-shi) 65, 410-415 (2020).
[120] Influence of terahertz laser radiation on the spectral characteristics and functional properties of albumin. Opt. Spectrosc. 107, 534 (2009).
[121] Terahertz radiation influence on peptide conformation. Proc. SPIE 6727, 672721 (2007).
[122] Dissolution of a fibrous peptide by terahertz free electron laser. Sci Rep. 2019; 9: 10636.
[123] Propagation of THz irradiation energy through aqueous layers: Demolition of actin filaments in living cells。Sci Rep. 2020; 10: 9008.
[124] Like cures like: a neuroimmunological model based on electromagnetic resonance. Electromagn Biol Med. 2013 Dec;32(4):508-26.
[125] Role of reactive oxygen species in ultra-weak photon emission in biological systems. J. Photochem. Photobiol. B. 2014;139:11.

[126] Mitochondria are physiologically maintained at close to 50℃. PLoS Biol. 2018 Jan 25;16(1):e2003992.
[127] Mitochondrial temperature homeostasis resists external metabolic stresses. Elife. 2023 Dec 11:12:RP89232.
[128] Quantum coherence of biophotons and living systems. Indian J. Exp. Biol. 2003;41:514.
[129] Observation of broadband terahertz wave generation from liquid water. Appl. Phys. Lett. 111, 071103 (2017).
[130] Human basophil degranulation triggered by very dilute antiserum against IgE. Nature. 1988;333(6176):816-818.
[131] High-dilution" experiments a delusion. Nature. 1988;334(6180):287-290.
[132] Histamine dilutions modulate basophil activation. Inflamm Res. 2004 May;53(5):181-8.
[133] DNA waves and water. Journal of Physics: Conference Series (2011) 306: 1-10.
[134] Kim WH (2013) New Approach Controlling Cancer: Water Memory. Fluid Mech Open Acc 1: 104.
[135] The structure of liquid water; novel insights from materials research; potential relevance for homeopathy. Mater Res Innov. 2005;9:98-103.
[136] Water is a sensor to weak forces including electromagnetic fields of low intensity. Electromagn. Biol. Med. 2005;24:449-461.
[137] Effect of Mechanical Shaking on the Physicochemical Properties of Aqueous Solutions. Int J Mol Sci. 2020 Nov; 21(21): 8033.
[138] Oxhydroelectric Effect: Oxygen Mediated Electron Current Extraction from Water by Twin Electrodes. Key Eng. Mater. 2011;495:100-103.
[139] Water Respiration: The Basis of the Living State. Water. 2009;1:52-75.
[140] The interplay of biomolecules and water at the origin of the active behaviour of living organisms. J. Phys. Conf. Ser. 2011;329:012001.
[141] Preliminary Design of a Vortex Pool for Electrical Generation. Advanced Science Letters, Volume 13, Number 1, June 2012, pp. 173-177(5).
[142] Effect of Mechanical Shaking on the Physicochemical Properties of Aqueous Solutions. Int J Mol Sci. 2020 Nov; 21(21): 8033.
[143] Schulz H. Zurlehre von der arzneiwirdung. Virchows Arch Pathol Anat Physiol Klin Med. 1887;108(3):423-445.
[144] Schulz H. Ueber Hefegifte. Pflugers Arch Gesamte Physiol Menschen Tiere. 1888;42:517-541.
[145] Earliest medicines evolved from dangerous environmental stressors to support life on a hostile earth: a nanoparticle and water-based evolutionary theory. Water. 2020;11:55-77.
[146] Earliest medicines evolved from dangerous environmental stressors to support life on a hostile earth: a nanoparticle and water-based evolutionary theory. Water. 2020;11:55-77.
[147] Effects of ultra-low-dose aspirin in thrombosis and haemorrhage. Homeopathy. 2019;108(3):158-168.
[148] Inhibition of basophil activation by histamine: a sensitive and reproducible model for the study of the biological activity of high dilutions. Homeopathy. 2009;98(4):186-197.
[149] Extreme homeopathic dilutions retain starting materials: a nanoparticulate perspective. Homeopathy. 2010;99(4):231-242.
[150] Nanoassociate formation in highly diluted water solutions of potassium phenosan with and without permalloy shielding. Electromagn Biol Med. 2015;34(2):141-146.
[151] Nanoparticle exposure and hormetic dose—responses: an update. Int J Mol Sci. 2018; 19(3):805.
[152] Nanoparticle characterization of traditional homeopathically-manufactured silver (argentum metallicum) medicines and placebo controls. J Nanomed Nanotechnol. 2015;6:311.
[153] Water-driven structure transformation in nanoparticles at room temperature. Nature. 2003;424(6952):1025-1029.
[154] The possible mechanism of memory through nanoparticles and exclusion zones. Water. 2017;7:158-176.
[155] Similia Similibus Curentur: Theory, History, and Status of the Constitutive Principle of Homeopathy. Homeopathy. 2021 Aug;110(3):212-221.
[156] [Samuel Hahnemann and the principle of similars] Med Ges Gesch. 2010:29:151-84.
[157] Coulter HL. Divided Legacy: A History of the Schism in Medical Thought. Wehawken; 1975:29-30, 84, 89.
[158] Littre's Oeuvres Completes d'Hippocrates, VI, 334, Paris, 1839, cited in Boyd LJ. A Study of the Simile in Medicine. Boericke and Tafel; 1936:9.
[159] Haehl R. Samuel Hahnemann: His Life and Work. Homoeopathic Publishing Company; 1922. Accessed February 29, 2024, (https://archive.org/details/samuelhahnemannh01haehuoft/page/n7/

mode/2up).
[160] The possible mechanism of memory through nanoparticles and exclusion zones. Water. 2017;7:158-176.
[161] Nanoparticle exposure and hormetic dose—responses: an update. Int J Mol Sci. 2018; 19(3):805.
[162] Micro-nano particulate compositions of Hypericum perforatum L in ultra high diluted succussed solution medicinal products. Heliyon. 2021;7(4):e06604.
[163] Extreme homeopathic dilutions retain starting materials: a nanoparticulate perspective. Homeopathy. 2010;99(4):231-242.
[164] Nanoparticle characterization of Homeo Agrocare (agro homeopathic drug) by HRTEM and EDS analysis. Intl J High Dilutions Res. 2020;19(4):10-22.
[165] The structure of liquid water; novel insights from material research; potential relevance to homeopathy. Mat Res Innovat. 2005;9(4):577-608.
[166] Low-field NMR water proton longitudinal relaxation in ultra highly diluted aqueous solutions of silica-lactose prepared in glass material for pharmaceutical use. Appl Magn Reson. 2004;26(4):465-481.
[167] Practical fundamentals of glass, rubber, and plastic sterile packaging systems. Pharm Dev Technol. 2010;15(1):6-34.
[168] Homeopathy emerging as nanomedicine. Int J High Dilut Res. 2011;10:299-310.
[169] Preliminary Design of a Vortex Pool for Electrical Generation. Advanced Science Letters, Volume 13, Number 1, June 2012, pp. 173-177(5).
[170] The possible mechanism of memory through nanoparticles and exclusion zones. Water. 2017;7:158-176.
[171] A synthetic nanomaterial for virus recognition produced by surface imprinting. Nat Commun. 2013;4:1503.
[172] Personalized protein corona on nanoparticles and its clinical implications. Biomater Sci 2017;5(3):378-387.
[173] Earliest medicines evolved from dangerous environmental stressors to support life on a hostile earth: a nanoparticle and water-based evolutionary theory. Water. (2020;11:55-77).

Chapter 3　水の驚くべきパワー（構造水・ＣＤ水）

[174] Diffusive dynamics during the high-to-low density transition in amorphous ice. Proc Natl Acad Sci U S A. 2017 Aug 1;114(31):8193-8198.
[175] Naberukhin, Y.I. Centennial of the R_ntgen's paper on the structure of water. J Struct Chem 33, 772-774 (1993). (https://doi.org/10.1007/BF00745596).
[176] Pollack, G.H. (2018). The Fourth Phase of Water: Implications for Energy, Life, and Health. In: Artmann, G., Artmann, A., Zhubanova, A., Digel, I. (eds) Biological, Physical and Technical Basics of Cell Engineering. Springer, Singapore. (https://doi.org/10.1007/978-981-10-7904-7_13).
[177] Dielectric constants of water, methanol, ethanol, butanol and acetone: Measurement and computational study. J. Solut. Chem. 2010;39:701-708.
[178] Quantum Electrodynamics Coherence and Hormesis: Foundations of Quantum Biology. Int J Mol Sci. 2023 Sep; 24(18): 14003.
[179] Water is an active matrix of life for cell and molecular biology. Proceedings of the National Academy of Sciences 2017; 114(51): 13327-35.
[180] Biological water dynamics and entropy: a biophysical origin of cancer and cancer and bf cancer and other diseases. Entropy 2013; 15(9): 3822-76.
[181] Montes de Oca, J.M., Rodriguez Fris, J.A., Accordino, S.R. et al. Structure and dynamics of high- and low-density water molecules in the liquid and supercooled regimes. Eur. Phys. J. E 39, 124 (2016). (https://doi.org/10.1140/epje/i2016-16124-4).
[182] Cell hydration as the primary factor in carcinogenesis: A unifying concept . Med Hypotheses. 2006;66(3):518-26. doi: 10.1016/j.mehy.2005.09.022.
[183] Muthachikavil, A. V., Kontogeorgis, G. M., Liang, X., Lei, Q., & Peng, B. (2022). Structural characteristics of lowdensity environments in liquid water. Physical Review E, 105(3),[034604]. (https://doi.org/10.1103/PhysRevE.105.034604.).
[184] Aging as a consequence of intracellular water volume and density. Med Hypotheses. 2011 Dec;77(6):982-4.
[185] Life depends upon two kinds of water. PLoS One. 2008 Jan 9;3(1):e1406. doi: 10.1371/journal.pone.0001406.
[186] Bagchi B. The role of water in biochemical selection and protein synthesis. In: Water in Biological

and Chemical Processes: From Structure and Dynamics to Function. Cambridge Molecular Science. Cambridge University Press; 2013:187-198.
[187] QED coherence and the thermodynamics of water. Int. J. Mod. Phys. B. 1995;9:1813-1841.
[188] Emergence of the Coherent Structure of Liquid Water. Water. 2012;4:510-532.
[189] Water as a free electric dipole laser. Phys Rev Lett. 1988 Aug 29;61(9):1085-1088.
[190] Role of the electromagnetic field in the formation of domains in the process of symmetry-breaking phase transition. Phys. Rev. A 2006, 74.
[191] Emergence of the Coherent Structure of Liquid Water. Water 2012, 4(3), 510-532.
[192] Illuminating water and life: Emilio Del Giudice. Electromagn Biol Med. 2015;34(2):113-22. doi: 10.3109/15368378.2015.1036079.
[193] Formation of Nanoassociates as a Key to Understanding of Physicochemical and Biological Properties of Highly Dilute Aqueous Solutions. Russ. Chem. Bull. 2014;63:1-14.
[194] Large-Scale Inhomogeneities in Solutions of Low Molar Mass Compounds and Mixtures of Liquids: Supramolecular Structures or Nanobubbles? J. Phys. Chem. B. 2013;117:2495-2504.
[195] Physical properties of small water clusters in low and moderate electric fields. J Chem Phys. 2011 Sep 28;135(12):124303. doi: 10.1063/1.3640804.
[196] A Soft Matter State of Water and the Structures it Forms. Forum on Immunopathological Diseases and Therapeutics, 3(3-4), 237-252 (2012).
[197] Surfaces and interfacial water: Evidence that hydrophilic surfaces have long-range impact. Adv. Colloid Interface Sci. 2006;23:19-27.
[198] Impact of hydrophilic surfaces on interfacial water dynamics probed with NMR spectroscopy. J. Phys. Chem. Lett. 2011;2:532-536.
[199] Coherent structures in liquid water close to hydrophilic surfaces. Journal of Physics: Conference Series 442 (2013) 012028.
[200] Water dynamics at the root of metamorphosis in living organisms. Water 2010, 2, 566-586.
[201] Water and autocatalysis in living matter. Electromagn Biol Med. 2009;28(1):46-52.
[202] Preparata, G. (1995) QED Coherence in Matter. World Scientific, Singapore, London, New York.
[203] Williamson, C.H.K. (1996) Vortex Dynamics in the Cylinder Wake. Annual Review of Fluid Mechanics, 28, 477-539.
[204] An Efficient Swimming Machine. March 1995 Scientific American 272(3):64-70.
[205] Neuromuscular control of trout swimming in a vortex street: implications for energy economy during the K_rm_n gait. J Exp Biol (2004) 207 (20): 3495-3506.
[206] Modern medical problems of energy exchange in humans. Annals of the Russian Academy of Medical Sciences 2013; 68(6): 56-9.
[207] Modern medical problems of energy exchange in humans. Annals of the Russian Academy of Medical Sciences 2013; 68(6): 56-9.
[208] Beyond mitochondria, what would be the energy source of the cell? Cent Nerv Syst Agents Med Chem. 2015;15(1):32-41.
[209] A historically significant study that at once disproves the membrane (pump) theory and confirms that nano-protoplasm is the ultimate physical basis of life - yet so simple and low-cost that it could easily be repeated in many high school biology classrooms worldwide. Physiol. Chem. Phys. Med. NMR. 2008;40(2):89-113.
[210] Ling, G.N. Life at the cell and below-cell level: The hidden history of a fundamental revolution in biology. (Pacific Press New York, 2001)
[211] Ling G.N. A Physical Theory of the Living State: The Association-Induction Hypothesis. Blaisdell Publishing Co.; A Division of Random House Inc.; New York, NY, USA: 1962.
[212] Ling G.N. Search of the Physical Basis of Life. Plenum Press; New York, NY, USA: London, UK: 1984.
[213] The hydrogel nature of mammalian cytoplasm contributes to osmosensing and extracellular ph sensing. Biophys. J. 2009;96:4276-4285.
[214] A glucose-starvation response regulates the diffusion of macromolecules. eLife. 2016;5:e09376.
[215] Coherent Behavior and the Bound State of Water and K(+) Imply Another Model of Bioenergetics: Negative Entropy Instead of High-energy Bonds. Open Biochem J. 2012;6:139-59.
[216] An updated and further developed theory and evidence for the close-contact, one-on-one association of nearly all cell K+ with beta- and gamma-carboxyl groups of intracellular proteins. Physiol Chem Phys Med NMR. 2005;37(1):1-63.
[217] The physical state of water in living cells and model systems. Ann. N. Y. Acad. Sci. 1965;125(2):401-417.

参考文献

[218] Pollack GH. Cells, Gels and the Engines of Life. A New, Unifying Approach to Cell Function. Seattle: Ebner & Sons; 2001.

[219] Native aggregation as a cause of origin of temporary cellular structures needed for all forms of cellular activity, signalling and transformations. Theor. Biol. Med. Model. 2010;7:19.

[220] Linking physiological mechanisms of coherent cellular behavior with more general physical approaches towards the coherence of life. IUBMB Life. 2006;58(11):642-646.

[221] Linking physiological mechanisms of coherent cellular behavior with more general physical approaches towards the coherence of life. IUBMB Life. 2006;58(11):642-646.

[222] Tumor detection by nuclear magnetic resonance. Science. 1971 Mar 19;171(3976):1151-3.

[223] Tight Coupling of Metabolic Oscillations and Intracellular Water Dynamics in Saccharomyces cerevisiae. PLoS ONE. 2015;10:e0117308.

[224] The dynamics of intracellular water constrains glycolytic oscillations in Saccharomyces cerevisiae. Sci Rep. 2017; 7: 16250.

[225] Effect of macromolecular crowding on the kinetics of glycolytic enzymes and the behaviour of glycolysis in yeast. Integr. Biol. 2018;10:587-597.

[226] Is a constant low-entropy process at the root of glycolytic oscillations? J. Boil. Phys. 2018;44:419-431.

[227] Coupled Response of Membrane Hydration with Oscillating Metabolism in Live Cells: An Alternative Way to Modulate Structural Aspects of Biological Membranes? Biomolecules. 2019 Nov; 9(11): 687.

[228] A ph-driven transition of the cytoplasm from a fluid- to a solid-like state promotes entry into dormancy. eLife. 2016;5:e09347.

[229] A glucose-starvation response regulates the diffusion of macromolecules. eLife. 2016;5:e09376.

[230] Laurdan fluorescence properties in membranes: A journey from the fluorometer to the microscope. Fluorescent Methods to Study Biological Membranes (eds. Mely, Y., Duportail, G.) 3-35 (Springer, 2013).

[231] Beyond mitochondria, what would be the energy source of the cell? Cent Nerv Syst Agents Med Chem. 2015;15(1):32-41.

[232] Alyukhin, Y. S., & Ivanov, K. P. (1984). Relationships between work and energy expenditures in the isolated muscle of a mammal. Dokl. AN SSSR, 282, 983-987.

[233] Beyond mitochondria, what would be the energy source of the cell? Cent Nerv Syst Agents Med Chem. 2015;15(1):32-41.

[234] The Role of Melanin to Dissociate Oxygen from Water to Treat Retinopathy of Prematurity. Cent Nerv Syst Agents Med Chem. 2019;19(3):215-222.

[235] Neurodevelopmental outcomes in the early CPAP and pulse oximetry trial. N. Engl. J. Med., 2012, 367(26), 2495-2504.

[236] The Role of Melanin to Dissociate Oxygen from Water to Treat Retinopathy of Prematurity. Cent Nerv Syst Agents Med Chem. 2019;19(3):215-222.

[237] Beyond mitochondria, what would be the energy source of the cell? Cent Nerv Syst Agents Med Chem. 2015;15(1):32-41.

[238] DNA waves and water. Journal of Physics: Conference Series (2011) 306: 1-10.

[239] Water Dynamics at the Root of Metamorphosis in Living Organisms. Water. 2010;2:566-586.

[240] The Super-Coherent State of Biological Water. Open Access Library Journal 2019, Volume 6, e5236.

[241] Yinnon TA, Elia V (2013). Dynamics in perturbed very dilute aqueous solutions: theory and experimental evidence. Int J Mod Phys B 27:1350005-1 to 1350005-35.

[242] The Super-Coherent State of Biological Water. Open Access Library Journal 2019, Volume 6, e5236.

[243] On the dynamics of self-organization in living organisms. Electromagn Biol Med. 2009;28(1):28-40. doi: 10.1080/15368370802708272.

[244] The study of energy-levels in biochemistry. Nature. 1941;148:157-159.

[245] Bioenergetics. New York Academic Press; New York, NY, USA: 1957.

[246] Photobiomodulation of aqueous interfaces as selective rechargeable bio-batteries in complex diseases: Personal view. Photomed. Laser Surg. 2012;30:242-249. doi: 10.1089/pho.2011.3123.

[247] The real bioinformatics revolution. Sci. Soc 2007, 33, 42-45.

[248] Macromolecular bioactivity: Is it resonant interaction between macromolecules? Theory and applications, 1994.

[249] What Is the "Hydrogen Bond"? A QFT-QED Perspective. Int J Mol Sci. 2024 Apr; 25(7): 3846.

[250] Water Dynamics at the Root of Metamorphosis in Living Organisms. Water. 2010;2:566-586.

[251] "Coherent Quantum Electrodynamics in Living Matter." Electromagnetic Biology and Medicine 24, no. 3 (2005): 199-210.

[252] Oscillating fields about growing cells. Int. J. Quant. Chem. 1980, 7, 411-431.

[253] Water: a medium where dissipative structures are produced by a coherent dynamics. J Theor Biol. 2010 Aug 21;265(4):511-6.
[254] Emergence of the Coherent Structure of Liquid Water. Water. 2012;4:510-532.
[255] A proposal for the structuring of water. Biophys Chem. 2000 Jan 24;83(3):211-21.
[256] Water Dynamics at the Root of Metamorphosis in Living Organisms. Water 2010, 2(3), 566-586.
[257] The role of water in the information exchange between the components of an ecosystem. Ecological Modelling 222 (2011) 2869-2877.
[258] Water Respiration - The Basisof the Living State. WATER 1, 52 - 75, 1 July 2009.
[259] Water and autocatalysis in living matter. Electromagn Biol Med. 2009;28(1):46-52.
[260] The Super-Coherent State of Biological Water. Open Access Library Journal 2019, Volume 6, e5236.
[261] Oesper P. Bioenergetics (Szent-Gyorgyi, Albert) J. Chem. Educ. 1957;34:627. doi: 10.1021/ed034p627.1.
[262] Quantum Electrodynamics Coherence and Hormesis: Foundations of Quantum Biology. Int J Mol Sci. 2023 Sep 12;24(18):14003. doi: 10.3390/ijms241814003.
[263] Johnson, K. (2009) "Water Buckyball" Terahertz Vibrations in Physics, Chemistry, Biology, and Cosmology. (https://arxiv.org/ftp/arxiv/papers/0902/0902.2035.pdf)
[264] Incorporation of photosynthetically active algal chloroplasts in cultured mammalian cells towards photosynthesis in animals. Proc Jpn Acad Ser B Phys Biol Sci. 2024 Oct 31. doi: 10.2183/pjab.100.035.
[265] Emergence of the Coherent Structure of Liquid Water. Water. 2012;4:510-532. doi: 10.3390/w4030510.
[266] Milligauss magnetic field triggering reliable self-organization of water with long-range ordered proton transport through cyclotron resonance. IEEE Transactions on Magnetics 2003; 39(5): 3328-30.
[267] Weak-field H3O+ ion cyclotron resonance alters water refractive index. Electromagn Biol Med. 2017;36(1):55-62.
[268] Lorentz force in water: evidence that hydronium cyclotron resonance enhances polymorphism. Electromagn Biol Med. 2015;34(4):370-5.
[269] Low frequency weak electric fields can induce structural changes in water. PLoS One. 2021; 16(12): e0260967.
[270] Low frequency weak electric fields can induce structural changes in water. PLoS One. 2021; 16(12): e0260967.
[271] Effects of pulsed low-frequency electromagnetic fields on water characterized by light scattering techniques: role of bubbles. Langmuir. 2005 Mar 15;21(6):2293-9.
[272] Action of pulsed low frequency electromagnetic fields on physicochemical properties of water: Incidence on its biological activity. European Journal of Water Quality 2006; 37(2): 221-32.
[273] Increased dielectric constant in the water treated by extremely low frequency electromagnetic field and its possible biological implication. Journal of Physics: Conference Series 329 (2011) 012019. IOP Publishing.
[274] Increased dielectric constant in the water treated by extremely low frequency electromagnetic field and its possible biological implication, J Phys Conf Ser. 2011. 012019, IOP Publishing.
[275] Evidence of non-classical (squeezed) light in biological systems. Phys. Lett. A 293, 98 (2002).
[276] The forced harmonic oscillator: coherent states and the RWA. Am J Phys. 2019;87:815-823.
[277] Driven harmonic oscillator as a quantum simulator for open systems. Phys Rev A. 2006;74:032303.
[278] Serial pH Increments (~20 to 40 Milliseconds) in Water During Exposures to Weak, Physiolog- ically Patterned Magnetic Fields: Implications for Consciousness. WATER 6, 45-60, March 25th 2014.
[279] QED coherence and the thermodynamics of water. Int. J. Mod. Phys. B. 1995;9:1813-1841.
[280] Changes of water hydrogen bond network with different externalities. Int J Mol Sci. 2015;16:8454-8489.
[281] Polarized microwave and RF radiation effects on the structure and stability of liquid water. Curr Sci 2010; 98(11): 1500-4.
[282] Long-Term Structural Modification of Water under Microwave Irradiation: Low-Frequency Raman Spectroscopic Measurements. Advances in Optical Technologies Volume 2017, Article ID 5260912, 5 pages.
[283] Violation of molecular structure of intracellular water as a possible cause of carcinogenesis and its suppression by microwave radiation(hypothesis). Comput Struct Biotechnol J. 2023; 21: 3437-3442.
[284] Self-oscillating Water Chemiluminescence Modes and Reactive Oxygen Species Generation Induced by Laser Irradiation; Effect of the Exclusion Zone Created by Nafion. Entropy 2014, 16(11), 6166-6185.
[285] Emergence of the Coherent Structure of Liquid Water. Water 2012, 4(3), 510-532.

[286] Water: a medium where dissipative structures are produced by a coherent dynamics. J Theor Biol. 2010 Aug 21;265(4):511-6.
[287] Laser controlled singlet oxygen generation in mitochondria to promote mitochondrial DNA replication in vitro. Sci Rep 5, 16925 (2015).
[288] Laser-induced generation of singlet oxygen and its role in the cerebrovascular physiology.. Progress in Quantum Electronics 55 (2017): 112-128.
[289] Photobiomodulation and Oxidative Stress: 980_nm Diode Laser Light Regulates Mitochondrial Activity and Reactive Oxygen Species Production. Oxid Med Cell Longev. 2021; 2021: 6626286.
[290] Auckett AD. Baby Massage: Parent-Child Bonding Through Touching, introduction by Eva Reich , Newmarket Press, New York, 1981.
[291] Prigogine I. & Nicolis G., Self-Organization in Non-Equilibrium Systems, Wiley, New York, 1977.
[292] Reich W. The Function of the Orgasm, Paperback edition by Farrar, Straus, Giroux, New York, 1973.

Chapter 4 構造（ＣＤ）水の実際の応用

[293] Water-loss dehydration and aging. Mech. Ageing Dev. 2014;136:50-58.
[294] The potential of chitosan and its derivatives in prevention and treatment of age-related diseases. Mar. Drugs. 2015;13:2158-2182. doi: 10.3390/md13042158.
[295] Polymer hydration and stiffness at biointerfaces and related cellular processes. Nanomed. Nanotechnol. 2018;14:13-25. doi: 10.1016/j.nano.2017.08.012.
[296] Changes in the fluid volume balance between intra- and extracellular water in a sample of Japanese adults aged 15-88 yr old: A cross-sectional study. Am. J. Physiol. Renal. 2018;314:F614-F622. doi: 10.1152/ajprenal.00477.2017.
[297] Aging as a consequence of intracellular water volume and density. Med Hypotheses. 2011 Dec;77(6):982-4. doi: 10.1016/j.mehy.2011.08.025.
[298] Extracellular water may mask actual muscle atrophy during aging. J Gerontol A Biol Sci Med Sci. 2010; 65(5):510-516. doi: 10.1093/gerona/glq001.
[299] Effects of aging on muscle T2 relaxation time: difference between fast- and slow-twitch muscles. Invest Radiol 2001; 36(12):692-698.
[300] Intracellular Water Content in Lean Mass is Associated with Muscle Strength, Functional Capacity, and Frailty in Community-Dwelling Elderly Individuals. A Cross-Sectional Study. Nutrients. 2019 Mar; 11(3): 661.
[301] Intracellular Water Content in Lean Mass is Associated with Muscle Strength, Functional Capacity, and Frailty in Community-Dwelling Elderly Individuals. A Cross-Sectional Study. Nutrients. 2019 Mar; 11(3): 661.
[302] Association Between the Appendicular Extracellular-to-Intracellular Water Ratio and All-Cause Mortality: A 10-Year Longitudinal Study. J Gerontol A Biol Sci Med Sci. 2024 Feb 1;79(2):glad211. doi: 10.1093/gerona/glad211.
[303] Age-related deterioration of bone toughness is related to diminishing amount of matrix glycosaminoglycans (Gags) JBMR Plus. 2018;2(3):164-173.
[304] Toward the use of MRI measurements of bound and pore water in fracture risk assessment. Bone. 2023 Nov;176:116863. doi: 10.1016/j.bone.2023.116863.
[305] Characterization of proteinaceous material from postmortem human brain by differential scanning calorimetry. Thermochim Acta,1986; 102:15-19.
[306] DWI predicts future progression to Alzheimer disease in amnestic mild cognitive impairment. Neurology. 2005; 8; 64(5):902-904.
[307] Free and bound water in normal and cataractous human lenses. Invest Ophthalmol Vis Sci. 2008 May;49(5):1991-7. doi: 10.1167/iovs.07-1151.
[308] The state of water in normal and senile cataractous lenses studied by NMR. Exp Eye Res 1979; 28:129-135）(Syneresis and its possible role in cataractogenesis. Exp Eye Res 1979; 28:189-19.
[309] Age Dependence of Freezable and Nonfreezable Water Content of Normal Human Lenses. Invest Ophthalmol Vis Sci 1985; 26:1162-1165.
[310] Dehydration Entropy Drives Liquid-Liquid Phase Separation by Molecular Crowding. Commun. Chem. 2020;3:83.
[311] Structure of the Toxic Core of α -Synuclein from Invisible Crystals. Nature. 2015;525:486-490. doi: 10.1038/nature15368.
[312] Structure of water, proteins, and lipids in intact human skin, hair, and nail. J Invest Dermatol 1998;110: 393-398.

[313] Water and protein structure in photoaged and chronically aged skin. J Invest Dermatol1998; 111:1129-1133.
[314] Age-related changes in male forearm skin-to-fat tissue dielectric constant at 300 MHz. Clin Physiol Funct Imaging 2017; 37: 198-204. doi:10.1111/cpf.12286.
[315] Water content, body weight and acid mucopolysaccharides, hyaluronidase and β -glucuronidase in response to aestivation in Australian desert frogs. Comp Biochem Physiol A Mol Integr Physiol. 2002 Apr;131(4):881-92. doi: 10.1016/s1095-6433(02)00004-1.
[316] Investigating the relationship between changes in collagen fiber orientation during skin aging and collagen/water interactions by polarized-FTIR microimaging. Analyst 2015; 140(18) : 6260-6268.
[317] The extracellular matrix at a glance. J. Cell Sci. 2010;123:4195-4200. doi: 10.1242/jcs.023820.
[318] Increase in the Intracellular Bulk Water Content in the Early Phase of Cell Death of Keratinocytes, Corneoptosis, as Revealed by 65 GHz Near-Field CMOS Dielectric Sensor. Molecules. 2022 May; 27(9): 2886.
[319] Water in malignant tissue, measured by cell refractometry and nuclear magnetic resonance. J Microsc. 1982 Oct;128(Pt 1):7-21.
[320] Cell volume change through water efflux impacts cell stiffness and stem cell fate. Proc Natl Acad Sci U S A. 2017 Oct 10;114(41):E8618-E8627.
[321] Winzler RJ. The chemistry of cancer tissue. In: Homburger F, editor. The physiopathology of cancer. New York: Hoeber-Harper; 1959. p. 686-706.)（Olmstead E-G. Mammalian cell water: physiologic and clinical aspects. Philadelphia: Lea & Febiger; 1966. pp. 185-95.
[322] Activation of the T24 bladder carcinoma transforming gene is linked to a single amino acid change. Nature. 1982;300:762-765.
[323] Mechanical Stiffness grades metastatic potential in patient tumor cells and in cancer cell lines. Cancer Res. 2011;71:5075-5080.
[324] Cell stiffness is a biomarker of the metastatic potential of ovarian cancer cells. PLoS ONE. 2012;7:e46609.
[325] Nanomechanical analysis of cells from cancer patients. Nat. Nano 2007, 2, 780-783.
[326] Mammary gland ECM remodeling, stiffness, and mechanosignaling in normal development and tumor progression. Cold Spring Harb. Perspect. Biol. 2011, 3, a003228.
[327] Microfluidics separation reveals stem-cell-like deformability of tumor-initiating cells. Proc. Natl. Acad. Sci. USA 2012, 109, 18707-18712.
[328] In vivo water state measurements in breast cancer using broadband diffuse optical spectroscopy. Phys. Med. Biol. 2008; 53:6713-6727.
[329] Tumor detection by nuclear magnetic resonance. Science 1971; 171:1151-1153.
[330] In vivo absorption, scattering, and physiologic properties of 58 malignant breast tumors determined by broadband diffuse optical spectroscopy. J Biomed Opt. 2006;11(4):044005.
[331] Molecular imaging of water binding state and diffusion in breast cancer using diffuse optical spectroscopy and diffusion weighted MRI. J Biomed Opt 2012; 17(7): 071304. (https://doi.org/10.1117/1.JBO.17.7.071304)
[332] Hierarchical structure and nanomechanics of collagen Microfibrils from the atomistic scale up. Nano Lett. 2011, 11, 757-766.
[333] Changes in skeletal collagen cross-links and matrix hydration in high- and low-turnover chronic kidney disease. Osteoporos. Int. 2015;26(3):977-985.
[334] Interfacial tension effects in the microvasculature. Microvasc Res. 1981 Nov;22(3):296-307. doi: 10.1016/0026-2862(81)90098-4.
[335] Biological Effects of Magnetic Water on Human and Animals. Biomedical Sciences 2017; 3(4): 78-85.
[336] Role of hydration and water structure in biological and colloidal interactions, Nature. (1996) 379, no. 6562, 219-225, https://doi.org/10.1038/379219a0, 2-s2.0-0030052290.
[337] The use of thermal analysis in assessing the effect of bound water content and substrate rigidity on prevention of platelet adhesion. J Therm Anal Calorim 2015; 120:533-539. DOI 10.1007/s10973-014-4244-y.
[338] Investigation of the hydration of nonfouling material poly (ethylene glycol) by low-field nuclear magnetic resonance. Langmuir 2012; 28(4): 2137-2144.
[339] Investigation of the hydration of nonfouling material poly (sulfobetaine methacrylate) by low-field nuclear magnetic resonance. Langmuir 2012; 28 (19):7436-7441.
[340] Heparin-like polyelectrolyte multilayer coatings based on fungal sulfated chitosan decrease platelet adhesion due to the increased hydration and reduced stiffness. Biomater Tissue Technol 2017; 1 doi:

10.15761/BTT.1000102.
[341] Esitashvili, T.; Msuknishvili, M. Increase of blood surface tension during acute myocardial infarction. In Proceedings of 8th World Congress on Heart Failure, Internation Academy of Cardiology, Washington, DC, USA, 16 July 2002.
[342] Measurement of Surface Properties of Phagocytes, Bacteria, and Other Particles. In Methods in Enzymology; di Sabato, G., Everse, J., Eds.; Academic Press: Waltham, MA, USA, 1986; Volume 132, pp. 16-95.
[343] The Alzheimer's disease peptide β -amyloid promotes thrombin generation through activation of coagulation factor XII. J Thromb Haemost. 2016 May;14(5):995-1007.
[344] Changes in metabolism of connective tissue associated with ageing and arterio- or atherosclerosis. J Atheroscler Res. 1962;2(1-2):50-61.
[345] β -Amyloid Orchestrates Factor XII and Platelet Activation Leading to Endothelial Dysfunction and Abnormal Fibrinolysis in Alzheimer Disease.Alzheimer Dis Assoc Disord. 2021 Jan-Mar 01;35(1):91-97.
[346] Computational analysis of hydrogen bonds network dynamics in the water layers surrounding A β (1-42) and A β (1-40) peptide dimers. Journal of Molecular Liquids Volume 408, 15 August 2024, 125342.
[347] Revisiting the effect of cholesteryl sulfate on clotting and fibrinolysis: Inhibition of human thrombin and other human blood proteases. Heliyon. 2024 Mar 30; 10(6): e28017.
[348] Blood Coagulation, Inflammation and Malaria. Microcirculation. 2008 Feb; 15(2): 81-107.
[349] Endothelial activation, haemostasis and thrombosis biomarkers in Ugandan children with severe malaria participating in a clinical trial. Malar J 15, 56 (2016).
[350] Cerebral Venous Thrombosis as a Complication of Plasmodium Vivax Malaria: A Report of 2 Cases. Ann Indian Acad Neurol. 2022 May-Jun; 25(3): 549-551.
[351] Red blood cell deformability as a predictor of anemia in severe falciparum malaria. Am. J. Trop. Med. Hyg. 1999, 60, 733-737.
[352] Cholesterol sulfate. I. Occurrence and possible biological function as an amphipathic lipid in the membrane of the human erythrocyte. Biochim. Biophys. Acta 1974, 352, 1-9.
[353] The endothelial surface layer. Pflugers Arch. EJP 2000, 440, 653-666.
[354] Sulfate ion patterns water at long distance. J Am Chem Soc. 2010;132:8248-9.
[355] A study of Ca(2+)-heparin complex-formation by polarimetry. Biochem J. 1992;282(Pt 2):601-4.
[356] Studies on the application of dynamic surface tensiometry of serum and cerebrospinal liquid for diagnostics and monitoring of treatment in patients who have rheumatic, neurological or oncological diseases. Adv Colloid Int Sci. 2000;86:1-38.
[357] Dynamic interfacial tensiometry of biologic liquids -does it have an impact on medicine. Colloid Surf A. 1998;143:441-459.
[358] Changes in metabolism of connective tissue associated with ageing and arterio- or atherosclerosis. J Atheroscler Res. 1962;2(1-2):50-61.
[359] Cooper, G.M.; Hausman, R.E. The Cell: A Molecular Approach; Sinauer Associates: Sunderland, MA, USA, 2009.
[360] Microvascular complications of impaired glucose tolerance. Diabetes 2003, 52, 2867-2873.
[361] Insulin, diabetes, and the cell membrane: An hypothesis. Diabetologia 1983, 24, 308-310.
[362] Hemostasis, bleeding and thrombosis in liver disease. J Transl Sci. 2017 May; 3(3): 10.15761/JTS.1000182.
[363] Risk of venous thromboembolism in patients with liver disease: a nationwide population-based case-control study. Am J Gastroenterol. 2009 Jan;104(1):96-101. doi: 10.1038/ajg.2008.34.
[364] AGA Clinical Practice Update: Coagulation in Cirrhosis. Gastroenterology. 2019 Jul;157(1):34-43.e1. doi: 10.1053/j.gastro.2019.03.070.
[365] Albumin in Advanced Liver Diseases: The Good and Bad of a Drug!. Hepatology. 2021 Nov;74(5):2848-2862. doi: 10.1002/hep.31836.
[366] Impaired albumin function: a novel potential indicator for liver function damage? Ann Med. 2019;51(7-8): 333-344.
[367] Albumin: Indications in chronic liver disease. United European Gastroenterol J. 2020 Jun; 8(5): 528-535.
[368] Surfactant proteins in the digestive tract, mesentery, and other organs: evolutionary significance. Comp Biochem Physiol Part A. 2001;129:151-161.
[369] Functional aspects of the tear film lipid layer. Exp Eye Res. 2004;78:347-360.
[370] Dynamic surface tension of saliva: General relationships and application in medical diagnostics, Colloids Surf B. 2009;74:457-461.

[371] The Amphoteric and Hydrophilic Properties of Cartilage Surface in Mammalian Joints: Interfacial Tension and Molecular Dynamics Simulation Studies. Molecules 2019, 24(12), 2248.
[372] Surface tension of animal cartilage as it relates to friction in joints. Ann Biomed Eng . 1983;11(5):435-49. doi: 10.1007/BF02584218.
[373] The Amphoteric and Hydrophilic Properties of Cartilage Surface in Mammalian Joints: Interfacial Tension and Molecular Dynamics Simulation Studies. Molecules 2019, 24(12), 2248.
[374] Sensitivity of frictional forces to pH on a nanometer scale: A lateral force microscopy study. Langmuir 1995, 11, 4632-4635.
[375] Interfacial properties of pulmonary surfactant layers. Adv. Colloid. Interface Sci., 117 (2005), pp. 33-58.
[376] Components and fractions for differently bound water molecules of dipalmitoylphosphatidylcholine-water system as studied by DSC and 2H-NMR spectroscopy. Biochim Biophys Acta. 2004 Nov 17;1667(1):56-66. doi: 10.1016/j.bbamem.2004.08.015.
[377] Surfactant function in respiratory distress sysndrome. J Pediat. 1983;102:443-447.
[378] Synthetic surfactants to treat neonatal lung disease. Mol Med Today. 2000;6:119-124.
[379] Rethinking cystic fibrosis pathology: the critical role of abnormal reduced glutathione (GSH) transport caused by CFTR mutation, Free Radical Biol Med. 2001;30:1440-1461.
[380] Structural consequences of airway inflammation in asthma, J Allergy Clin Immunol. 2000;105:S514-S517.
[381] Circulating surfactant protein A (SP-A), a marker of lung injury, is associated with insulin resistance. Diabetes Care. 2008 May;31(5):958-63.
[382] Serum Surfactant Protein D as a Biomarker for Measuring Lung Involvement in Obese Patients With Type 2 Diabetes.J Clin Endocrinol Metab. 2017 Nov 1;102(11):4109-4116.
[383] Surfactant protein d, a marker of lung innate immunity, is positively associated with insulin sensitivity. Diabetes Care 2010 Apr;33(4):847-53.
[384] NSAID injury to the gastrointestinal tract: Evidence that NSAIDs interact with phospholipids to weaken the hydrophobic surface barrier and induce the formation of unstable pores in membranes. J Pharm Pharmacol. 2006;58:1-8.
[385] Hydrolysis of surfactant-associated phosphatidylcholine by mammalian secretory phospholipases A2. Am J Physiol. 1998 Oct;275(4):L740-7.
[386] Aluminum modulation of proteolytic activities. Coordin. Chem. Rev. 2002, 228, 263-269.
[387] Quantitative assessment of human erythrocyte membrane solubilization by Triton X-100. Biophys. Chem. 2002, 97, 1-5.
[388] Studies on the toxicities of aluminium hydroxide and calcium phosphate as immunological adjuvants for vaccines. Vaccine 1993, 11, 914-918.
[389] Solubilization of human erythrocyte membranes by non-ionic surfactants of the polyoxyethylene alkyl ethers series. Biophys. Chem. 2002, 97, 45-54.
[390] Adverse events following COVID - 19 mRNA vaccines: A systematic review of cardiovascular complication, thrombosis, and thrombocytopenia. Immun Inflamm Dis. 2023 Mar; 11(3): e807.
[391] Cerebral venous thrombosis and portal vein thrombosis: A retrospective cohort study of 537,913 COVID-19 cases. EClinicalMedicine. 2021 Sep; 39: 101061.
[392] Risk of acute myocardial infarction and ischaemic stroke following COVID-19 in Sweden: a self-controlled case series and matched cohort study. Lancet. 2021 14-20 August; 398(10300): 599-607.
[393] Prevalence and risk factors of thrombotic events on patients with COVID-19: a systematic review and meta - analysis. Thromb J. 2021; 19: 32.
[394] Thrombosis Development After mRNA COVID-19 Vaccine Administration: A Case Series. Cureus. 2023 Jul; 15(7): e41371.
[395] Liposomes and Lipid Droplets Display a Reversal of Charge-Induced Hydration Asymmetry. Nano Lett. 2023 Nov 8; 23(21): 9858-9864.)（Physicochemical Targeting of Lipid Nanoparticles to the Lungs Induces Clotting: Mechanisms and Solutions. Adv Mater. 2024 Jun;36(26):e2312026.
[396] Adv Exp Med Biol. 2018:1048:59-69.
[397] Liposome-based DNA carriers may induce cellular stress response and change gene expression pattern in transfected cells. BMC Mol. Biol. 2011, 12.
[398] Analysis of causes that led to Baby Robert's respiratory arrest and death in August of 2000. Med. Veritas 2004, 1, 179-200.
[399] Analysis of causes that led to Baby Robert's respiratory arrest aAnalysis of causes that led to Evyn Vaugn's respiratory arrest, intracranial and retinal bleeding, and death. Med. Veritas 2009, 6, 1937-1958.nd death in August of 2000. Med. Veritas 2004, 1, 179-200.
[400] Analysis of causes that led to baby Ron James Douglas' cardiopulmonary arrest, bleeding (intracranial,

retinal, and pulmonary), and rib fracture. Med. Veritas 2009, 6, 1959-1976.

[401] Shaken baby syndrome or medical malpractice? Med. Veritas 2004, 1, 117-129.

[402] Possible hidden hazards of mass vaccination against new influenza A/H1N1: Have the cardiovascular risks been adequately weighed? Med. Microbiol. Immunol. 2009, 198, 205-209.

[403] Water, other fluids, and fatal coronary heart disease: The Adventist Health Study. Am. J. Epidemiol. 2002, 155, 827-833.

[404] The interaction of aluminum and other metal ions with calcium-calmodulin-dependent phosphodiesterase. Arch. Toxicol. 1985, 57, 257-259.

[405] Aluminum modulation of proteolytic activities. Coordin. Chem. Rev. 2002, 228, 263-269.

[406] Theoretical Study of Aluminum Hydroxide as a Hydrogen-Bonded Layered Material. Nanomaterials (Basel). 2018 Jun; 8(6): 375.

[407] Mercury detoxification by absorption, mercuric ion reductase, and exopolysaccharides: a comprehensive study. Environ Sci Pollut Res Int. 2020 Aug;27(22):27181-27201.

[408] How water affects mercury-halogen interaction in the atmosphere. J Mol Model. 2019 Nov 25;25(12):357.

[409] https://www.cdc.gov/vaccines/by-age/index.html

[410] GONCHARUK, V. V., BAGRII, V. A., MEL'NIK, L. A., CHEBOTAREVA, R. D. & BASHTAN, S. Y. (2010). The use of redox potential in water treatment processes. Journal of Water Chemistry and Technology 32, 1-9.

[411] Strand, R. L., & Kim, Y. (1993). ORP as a measure of evaluating and controlling disinfection in potable water. In Proceedings of AWWA Water Quality Technology Conference. Miami, Fla. (pp. 1239-1248.)

[412] Electron generation in water induced by magnetic effect and its impact on dissolved oxygen concentration. Sustain Environ Res 31, 7 (2021).

[413] Ali H. Al-Hilali, 2018. Effect of Magnetically Treated Water on Physiological and Biochemical Blood Parameters of Japanese Quail. International Journal of Poultry Science, 17: 78-84.

[414] Ibrahim, I. H. 2006. Biophysical properties of magnetized distilled water. Egypt. J. Sol. 29:363-369.

[415] Investigation of changes in properties of water under the action of a magnetic field. Pang XF, Deng B. Sci China Ser G Physics Mech Astron. 2008;51:1621-1632.

[416] Structured water: effects on animals. Lindinger MI. J Anim Sci. 2021;99.

[417] From mystery to reality: magnetized water to tackle the challenges of climate change and for cleaner agricultural production. Dobr_nszki J. J Clean Prod. 2023;425:139077.

[418] Influence of magnetic field on physical-chemical properties of the liquid water: Insights from experimental and theoretical models. Toledo EJ, Ramalho TC, Magriotis ZM. J Mol Struct. 2008;888:409-415.

[419] The changes of macroscopic features and microscopic structures of water under influence of magnetic field. Physica. B 2008, 403, 3571-3577.

[420] Milligauss magnetic field triggering reliable self-organization of water with long-range ordered proton transport through cyclotron resonance. IEEE Trans. Magn. 2003, 39, 3328-3330.

[421] Effectiveness of magnetized water and 0.2% chlorhexidine as a mouth rinse in children aged 12-15 years for plaque and gingivitis inhibition during 3 weeks of supervised use: a randomized control study. J Indian Soc Pedod Prev Dent. 2020;38:419-424.

[422] Milligauss magnetic field triggering reliable self-organization of water with long-range ordered proton transport through cyclotron resonance. IEEE Trans. Magn. 2003, 39, 3328-3330.

[423] Structured water: effects on animals. J Anim Sci. 2021 May 1;99(5):skab063.

[424] Magnetic water treatment-A review of the latest approaches. Chemosphere. 2018 Jul:203:54-67.

[425] Effect of the magnetized water supplementation on blood glucose, lymphocyte DNA damage, antioxidant status, and lipid profiles in STZ-induced rats. Nutr Res Pract. 2013;7:34-42.

[426] Protective Effect of Ginkgo biloba and Magnetized Water on Nephropathy in Induced Type 2 Diabetes in Rat. Oxid Med Cell Longev. 2018; 2018: 1785614.

[427] Impact of Ginkgo biloba extract and magnetized water on the survival rate and functional capabilities of pancreatic β -cells in type 2 diabetic rat model. Diabetes Metab Syndr Obes. 2019;12:1339-1347.

[428] Water treatment by magnetic field increases bone mineral density of rats. J Clin Densitom. 2017;20:526-531.）（Effects of magnetized water on ovary, pre-implantation stage endometrial and fallopian tube epithelial cells in mice. Iran J Reprod Med. 2014;12:243-248.

[429] Liver tissues oxidative status, epigenetic and molecular characteristics in rats administered magnetic and microwave treated water. Sci Rep. 2023;13:4406.

[430] Microwave Effect on Diffusion: A Possible Mechanism for Non-Thermal Effect. Electromagn. Biol. Med. 2015;34:327-333.

[431] The Influence of Electromagnetic Wave Originating from WiFi Router on Water Viscosity. Prz. Elektrotech. 2018;1:280-282.
[432] Increase of Water Viscosity under the Influence of Magnetic Field. J. Appl. Phys. 2006;100:066101. doi: 10.1063/1.2347702.
[433] Topically Applied Magnetized Saline Water Improves Skin Biophysical Parameters Through Autophagy Activation: A Pilot Study. Cureus. 2023 Nov; 15(11): e49180.
[434] Successful Management of Chronic Wounds by an Autophagy-Activating Magnetized Water-Based Gel in Elderly Patients: A Case Series. Cureus. 2024 Mar; 16(3): e55937.
[435] Topically Applied Magnetized Saline Water Activates Autophagy in the Scalp and Increases Hair Count and Hair Mass Index in Men With Mild-to-Moderate Androgenetic Alopecia. Cureus. 2023 Nov; 15(11): e49565.
[436] Effectiveness of magnetized water and 0.2% chlorhexidine as a mouth rinse in children aged 12-15 years for plaque and gingivitis inhibition during 3 weeks of supervised use: a randomized control study. J Indian Soc Pedod Prev Dent. 2020;38:419-424.
[437] Effect of Using Magnetic Water on Milk Production and Its Components in Buffalo Cows. J. of Animal and Poultry Production, Mansoura Univ., Vol 11 (10): 399-404, 2002.
[438] Yacout MH, Hassan AA, Khalel MS, Shwerab AM, Abdel-Gawad EI, et al. (2015) Effect of Magnetic Water on the Performance of Lactating Goats. J Dairy Vet Anim Res 2(5): 00048. DOI: 10.15406/jdvar.2015.02.00048.
[439] Hassan, S. S., Attia Y. A., and El-sheikh A. M. H.. . 2018. Productive, egg quality and physiological responses of gimmizah chicken as affected by magnetized water of different strengths. Egypt. Poult. Sci. J. 0:0-0. doi: 10.21608/epsj.2018.5569.
[440] Magnetized drinking water improves productivity and blood parameters in geese. Rev Colomb Cienc Pecu 2017; 30:209-218.
[441] Effect of magnetized wall water on Blood components, Immune indices and Semen quality of Egyptian male geese. Egypt. Poult. Sci. Vol 37 (I): 91-103 (2017).
[442] The Effects of the Magnetic Drinking Water in Poultry: a Review. International Journal of Poultry Science, 4:96-102.(2005).
[443] Effect of Magnetic Water on Some Physiological Aspects of Adult Male Rabbits. The Iraqi Journal of Veterinary Medicine 36(0E):120-126(2012), DOI: 10.30539/iraqijvm.v36i0E.405.
[444] Responses of the fertility, semen quality, blood constituents, immunity and antioxidant status of rabbit bucks to type and magnetizing of water. Ann. Anim. Sci. 2015;15:387-407.
[445] Effect of magnetic water on production and preservation semen of rabbit bucks. Egypt. Poult. Sci. J. 2017;37:1187-1202.
[446] From Agriculture to Clinics: Unlocking the Potential of Magnetized Water for Planetary and Human Health. Cureus. 2024 Jul 8;16(7):e64104.
[447] Application of magnetic field improves growth, yield and fruit quality of tomato irrigated alternatively by fresh and agricultural drainage water. Ecotoxicol Environ Saf. 2019 Oct 15:181:248-254.
[448] Aliverdi, A. (2021). Magnetized irrigation water: a method for improving the efficacy of pre-emergence-applied metribuzin. Journal of Plant Protection Research.
[449] Pizetta, S. C. et al. (2022) 'Post-harvest growth and longevity of ornamental sunflowers irrigated using magnetised water with different irrigation depths', New Zealand Journal of Crop and Horticultural Science, 51(4), pp. 509-526. doi: 10.1080/01140671.2021.2019061.
[450] Growth Characteristics of Chilli Pepper (Capsicum annuum) under the Effect of Magnetizing Water with Neodymium Magnets (NdFeB). AGRIVITA Journal of Agricultural Science. 2021. 43(2): 398-40.
[451] Effects of magnetic field treated water on some growth parameters of corn (Zea mays) plants.. AIMS Biophysics, 2021, Vol 8, Issue 3, p267.
[452] Effects of treated water with neodymium magnets (NdFeB) on growth characteristics of pepper (Capsicum annuum) [J] . AIMS Biophysics, 2020, 7(4): 267-290. doi: 10.3934/biophy.2020021.
[453] Effect of magnetic brackish-water treatments on morphology, anatomy and yield productivity of wheat (Triticum aestivum) Hozayn MM, Salim MA, Abd El-Monem AA, El-Mahdy AA. Alex Sci Exch J. 2019;40:604-617.
[454] Impact of magnetized water on seed germination and seedling growth of wheat and barley. Al-Akhras MA, Al-Quraan NA, Abu-Aloush ZA, et al. Results Eng. 2024;22:101991.
[455] Irrigation with magnetized water alleviates the harmful effect of saline-alkaline stress on rice seedlings. Ma C, Li Q, Song Z, Su L, Tao W, Zhou B, Wang Q. Int J Mol Sci. 2022;23.
[456] Magnetic water: a plant growth stimulator improve mustard (Brassica nigra L.) crop production. Jogi

PD, Dharmale RD, Dudhare MS, Aware AA. Asian J Bio Sci. 2015;10:183-185.
[457] Effect of magnetic water treatment on the growth, nutritional status, and yield of lettuce plants with irrigation rate. Putti FF, Vicente EF, Chaves PP, et al. Horticulturae. 2023;9:504.
[458] The mechanism of using magnetized-ionized water in combination with organic fertilizer to enhance soil health and cotton yield. Lin S, Wang Q, Deng M, Wei K, Sun Y, Tao W. Sci Total Environ. 2024;941:173781.
[459] Spring irrigation with magnetized water affects soil water-salt distribution, emergence, growth, and photosynthetic characteristics of cotton seedlings in Southern Xinjiang, China. BMC Plant Biol. 2023 Apr 3;23(1):174.
[460] Static Magnetic Field With 2 mT Strength Changes the Structure of Water Molecules and Exhibits Remarkable Increases in the Yield of Phaseolus vulgaris. Plant Archives (09725210) 2021; 21(1).
[461] Impact of magnetically treated water on the growth and development of tobacco (Nicotiana tabacum var. Turkish). Physiol Mol Biol Plants. 2020 May; 26(5): 1047-1054.
[462] Irrigation with magnetized water alleviates the harmful effect of saline-alkaline stress on rice seedlings. Ma C, Li Q, Song Z, Su L, Tao W, Zhou B, Wang Q. Int J Mol Sci. 2022;23.
[463] Spring irrigation with magnetized water affects soil water-salt distribution, emergence, growth, and photosynthetic characteristics of cotton seedlings in Southern Xinjiang, China. BMC Plant Biol. 2023 Apr 3;23(1):174.
[464] Pre-treatment of seeds with static magnetic field ameliorates soil water stress in seedlings of maize (Zea mays L.) Indian J Biochem Bio. 2012;9:63-70.
[465] Effect of Magnetized Brackish Water Drip Irrigation on Water and Salt Transport Characteristics of Sandy Soil in Southern Xinjiang, China. Water 2023, 15(3), 577.
[466] The Effect of Magnetized Water on Some Characteristics of Growth and Chemical Constituent in Rice (Oryza sativa L.)Var Hashemi. Eurasia J Biosci 12, 129-137 (2018).
[467] Eliciting effects of magnetized solution on physiological and biochemical characteristics and elemental uptake in hydroponically grown grape (Vitis vinifera L. cv. Thompson Seedless). Plant Physiology and Biochemistry 167(2)(2021).
[468] Effect of Magnetized Brackish Water Drip Irrigation on Water and Salt Transport Characteristics of Sandy Soil in Southern Xinjiang, China. Water 2023, 15(3), 577.
[469] Static Magnetic Field With 2 mT Strength Changes the Structure of Water Molecules and Exhibits Remarkable Increases in the Yield of Phaseolus vulgaris. Plant Archives (09725210) 2021; 21(1).
[470] Bound water in durum wheat under drought stress. Plant Physiology 1992; 98(3): 908-12.
[471] Bound water in plants and its relationships to the abiotic. Rec Res Dev Plant Physiol 1997; 1: 215-2.
[472] The properties of cotton resistance and adaptability to drought stress. Journal of Pharmaceutical Negative Results 2022; 13(4): 958-61.
[473] Phosphorus nutrition and tolerance of cotton to water stress: II. Water relations, free and bound water and leaf expansion rate. Field crops research 2006 Apr 30; 96(2-3): 199-206.
[474] Physiological mechanisms preventing plant wilting under heat stress: a case study on a wheat (Triticum durum Desf.) bound water-mutant. Environmental and Experimental Botany 2023: 105502.
[475] Medical Applications of Skin Tissue Dielectric Constant Measurements. Cureus. 2023 Dec; 15(12): e50531.
[476] Tissue dielectric constant (TDC) as an index of localized arm skin water: differences between measuring probes and genders. Lymphology 2015; 48(1): 15-23.
[477] Revealing the Effect of Heat Treatment on the Spectral Pattern of Unifloral Honeys Using Aquaphotomics. Molecules. 2022 Feb; 27(3): 780.
[478] NIR detection of honey adulteration reveals differences in water spectral pattern.Food Chem. 2016 Mar 1:194:873-80. doi: 10.1016/j.foodchem.2015.08.092.
[479] Aquaphotomic Study of Effects of Different Mixing Waters on the Properties of Cement Mortar. Molecules. 2022 Nov; 27(22): 7885.

Chapter 5　構造（ＣＤ）水で自然および心身が回復する

[480] Meier CA. ed. The Pauli-Jung Letters, 1932-1958, Princeton University Press , Princeton, 2001.
[481] Effect of Local and General Anesthetics on Interfacial Water. PLoS One. 2016; 11(4): e0152127.
[482] A proton nuclear magnetic resonance study on the release of bound water by inhalation anesthetic in water-in-oil emulsion. Biochimica et Biophysica Acta (BBA)-Biomembranes. 1984; 772(1): 102-7.
[483] General anesthetic binding mode via hydration with weak affinity and molecular discrimination: General anesthetic dissolution in interfacial water of the common binding site of GABAA receptor.

Biophysics and Physicobiology 2023; 20(2): e200005.
[484] Anesthesia: An interfacial phenomenon. Colloids and Surfaces Volume 38, Issue 1, 1989, Pages 37-48.
[485] Structure-selective anesthetic action of steroids: anesthetic potency and effects on lipid and protein. Anesth Analg. 1994 Apr;78(4):718-25.
[486] Longitudinal Impacts of Precision Greenness on Alzheimer's Disease. J Prev Alzheimers Dis. 2024;11(3):710-720. doi: 10.14283/jpad.2024.38.
[487] Exposure to Residential Greenness as a Predictor of Cause-Specific Mortality and Stroke Incidence in the Rome Longitudinal Study. Environ Health Perspect. 2019;127(2):27002.
[488] Road proximity, air pollution, noise, green space and neurologic disease incidence: a population-based cohort study. Environ Health. 2020(1):8. 10.1186/s12940-020-0565-4.
[489] Relationship of neighborhood greenness to Alzheimer's disease and non-Alzheimer's dementia among 249,405 U.S. Medicare beneficiaries. J Alzheimers Dis. 2021;81:597-606.
[490] Canopy Reflectance, Photosynthesis, and Transpiration. III. A Reanalysis Using Improved Leaf Models and a New Canopy Integration Scheme. Remote Sens. Environ. 1992;42:187-216. doi: 10.1016/0034-4257(92)90102-P.
[491] Canopy Reflectance, Photosynthesis, and Transpiration, II. The Role of Biophysics in the Linearity of Their Interdependence. Remote Sens. Environ. 1987;21:143-183. doi: 10.1016/0034-4257(87)90051-4.
[492] The Reflectivity of Deciduous Trees and Herbaceous Plants in the Infrared to 25 Microns. Science. 1952;115:613-616. doi: 10.1126/science.115.2997.613.
[493] Heart rate and heart rate variability response to the transpiration of vortex-water by Begonia Eliator plants to the air in an office during visual display terminal work. J Altern Complement Med 2008 Oct;14(8):993-1003. doi: 10.1089/acm.2007.0525.
[494] Evidence of coherent dynamics in water droplets of waterfalls. Water 2013; 5: 57-68.
[495] High Hydrostatic Pressure Tolerance of Four Different Anhydrobiotic Animal Species. ZOOLOGICAL SCIENCE 26: 238-242 (2009).
[496] Anhydrobiosis. Annu Rev Physiol, 54 (1992), pp. 579-599.
[497] The role of vitrification in anhydrobiosis. Annu Rev Physiol, 60 (1998), pp. 73-103.
[498] Cryptobiosis - a peculiar state of biological organization. Comp Biochem Physiol B, 128 (2001), pp. 613-624.
[499] Recent advancements in plant aquaphotomics-Towards understanding of "drying without dying" phenomenon and its implications. NIR news 2019; 30(5-6): 22-5.
[500] High Salt Inhibits Tumor Growth by Enhancing Anti-tumor Immunity. Front Immunol. 2019; 10: 1141.
[501] Anticancer and Apoptotic Effects of Ectoine and Hydroxyectoine on Non-Small Cell Lung Cancer cells: An in-vitro Investigation. Multidisciplinary Cancer Investigation, April 2019, Volume 3, Issue 2.
[502] Polyethylene glycol induces apoptosis in HT-29 cells: potential mechanism for chemoprevention of colon cancer. FEBS Lett 2001;496:143-6.
[503] Restoration by polyethylene glycol of characteristics of intestinal differentiation in subpopulations of human colonic adenocarcinoma cell line HT29. Cancer Res 1988;48: 2498-504.
[504] The mouse ear edema: a quantitatively evaluable assay for tumor promoting compounds and for inhibitors of tumor promotion. Cancer Lett. 1984 Dec;25(2):177-85.
[505] Consistent and fast inhibition of colon carcinogenesis by polyethylene glycol in mice and rats given various carcinogens. Cancer Res 2000;60:3160-4.
[506] Osmolytes: A Possible Therapeutic Molecule for Ameliorating the Neurodegeneration Caused by Protein Misfolding and Aggregation. Biomolecules 2020, 10(1), 132.
[507] Osmolyte induced protein stabilization: modulation of associated water dynamics might be a key factor. Phys. Chem. Chem. Phys., 2023,25, 32602-32612.
[508] Mechanism of Osmolyte Stabilization-Destabilization of Proteins: Experimental Evidence. J Phys Chem B. 2022 Apr 28; 126(16): 2990-2999.
[509] Paul H. Yancey, Water Stress, Osmolytes and Proteins, American Zoologist, Volume 41, Issue 4, August 2001, Pages 699-709, https://doi.org/10.1093/icb/41.4.699.
[510] Singh, S.K. (2018). Sucrose and Trehalose in Therapeutic Protein Formulations. In: Warne, N., Mahler, HC. (eds) Challenges in Protein Product Development. AAPS Advances in the Pharmaceutical Sciences Series, vol 38. Springer, Cham. https://doi.org/10.1007/978-3-319-90603-4_3.
[511] Taurine as a water structure breaker and protein stabilizer. Amino Acids. 2018; 50(1): 125-140.
[512] Is Endothelial Nitric Oxide Synthase a Moonlighting Protein Whose Day Job is Cholesterol Sulfate

Synthesis? Implications for Cholesterol Transport, Diabetes and Cardiovascular Disease. Entropy 2012, 14(12), 2492-2530.
[513] 25-Hydroxycholesterol-3-sulfate attenuates inflammatory response via PPAR signaling in human THP-1 macrophages. Am J Physiol Endocrinol Metab. 2012;302(7):E788-99.
[514] Dehydroepiandrosterone-sulfate inhibits nuclear factor- κ B- dependent transcription in hepatocytes, possibly through antioxidant ef- fect. J Clin Endocrinol Metab. 2004;89(7):3449-54.
[515] Sunlight, cholesterol and coronary heart disease. QJM 1996, 89, 579-589.
[516] Aluminum interaction with calmodulin. Evidence for altered structure and function from optical and enzymatic studies. Biochim. Biophys. Acta 1983, 744, 36-45.
[517] Accumulation of cholesterol 3-sulfate during in vitro squamous differentiation of rabbit tracheal epithelial cells and its regulation by retinoids. J. Biol. Chem. 1986, 261, 13898-13904.
[518] Inhibition of nitric oxide synthase (NOS) underlies aluminum-induced inhibition of root elongation in Hibiscus moscheutos. New Phytol. 2007;174(2):322-31.
[519] Nitric oxide synthase: aspects concerning structure and catalysis. Cell. 1994;78(6):927-30.
[520] Influence of mercury and cadmium intoxication on hepatic microsomal CYP2E and CYP3A subfamilies. Res Commun Mol Pathol Pharmacol. 1994;85(1):67-72.
[521] Modulation of TCDD-mediated induction of cytochrome P450 1A1 by mercury, lead, and copper in human HepG2 cell line. Toxicol in Vitro. 2008;22(1):154-8.
[522] Acute arsenic toxicity alters cytochrome P450 and soluble epoxide hydrolase and their associated arachidonic acid metabolism in C57Bl/6 mouse heart. Xenobiotica.
[523] Glyphosate's suppression of cytochrome P450 enzymes and amino acid biosynthesis by the gut microbiome: Pathways to modern diseases. Entropy. 2013;15:1416-632012;42(12):1235-47.
[524] Glyphosate, pathways to modern diseases II: Celiac sprue and gluten intolerance. Interdiscip Toxicol. 2013;6(4):159-84.
[525] Quantum biology in low level light therapy: death of a dogma. Ann Transl Med. 2020 Apr; 8(7): 440. doi: 10.21037/atm.2020.03.159.
[526] Near Infrared Light Mitigates Cerebellar Pathology in Transgenic Mouse Models of Dementia. Neurosci. Lett. 2015;591:155-159. doi: 10.1016/j.neulet.2015.02.037.
[527] Photobiomodulation with near Infrared Light Mitigates Alzheimer's Disease-Related Pathology in Cerebral Cortex—Evidence from Two Transgenic Mouse Models. Alzheimer's Res. Ther. 2014;6:2. doi: 10.1186/alzrt232.
[528] Near Infrared Light Decreases Synaptic Vulnerability to Amyloid Beta Oligomers. Sci. Rep. 2017;7:15012. doi: 10.1038/s41598-017-15357-x.
[529] Near Infrared Light Treatment Reduces Synaptic Levels of Toxic Tau Oligomers in Two Transgenic Mouse Models of Human Tauopathies. Mol. Neurobiol. 2019;56:3341-3355. doi: 10.1007/s12035-018-1248-9.
[530] Near-Infrared Light Reduces β -Amyloid-Stimulated Microglial Toxicity and Enhances Survival of Neurons: Mechanisms of Light Therapy for Alzheimer's Disease. Alzheimer's Res. Ther. 2022;14:84. doi: 10.1186/s13195-022-01022-7.
[531] Photobiomodulation Treatments on Cognitive and Behavioral Function, Cerebral Perfusion, and Resting-State Functional Connectivity in Patients with Dementia: A Pilot Trial. Photobiomodulation Photomed. Laser Surg. 2019;37:133-141. doi: 10.1089/photob.2018.4555.
[532] Photobiomodulation with Near Infrared Light Helmet in a Pilot, Placebo Controlled Clinical Trial in Dementia Patients Testing Memory and Cognition. J. Neurol. Neurosci. 2017;8:176. doi: 10.21767/2171-6625.1000176.
[533] Transcranial Near Infrared Light Stimulations Improve Cognition in Patients with Dementia. Aging Dis. 2021;12:954-963. doi: 10.14336/AD.2021.0229.
[534] THE SEPARATION AND PROPERTIES OF THE ISOTOPES OF HYDROGEN. Science. 1933 Dec 22;78(2034):566-71.
[535] Applications of Deuterium in Medicinal Chemistry. J Med Chem. 2019 Jun 13;62(11):5276-5297.
[536] Recent Developments for the Deuterium and Tritium Labeling of Organic Molecules. Chem Rev. 2022 Mar 23;122(6):6634-6718.
[537] Effect of Systemic Subnormal Deuterium Level on Metabolic Syndrome Related and other Blood Parameters in Humans: A Preliminary Study. Molecules. 2020 Mar; 25(6): 1376.
[538] Slight Deuterium Enrichment in Water Acts as an Antioxidant: Is Deuterium a Cell Growth Regulator?Mol Cell Proteomics. 2020 Nov; 19(11): 1790-1804.
[539] Tracking active groundwater microbes with D2O labelling to understand their ecosystem function. Environmental Microbiology (2018) 20(1), 369-384.

[540] Temperature Dependences of T1 and T2 of Residual Water in D2O Determined at 400 MHz 1H-NMR. International Journal of Science and Research 2018, 7(10):40-44.
[541] Naturally occurring deuterium is essential for the normal growth rate of cells. FEBS Lett. 1993;317:1-4.
[542] Deuterium isotope effect of proton pumping in cytochrome c oxidase. Biochim Biophys Acta. 2008 Apr;1777(4):343-50.
[543] Biological effects of deuteronation: ATP synthase as an example. Theor Biol Med Model. 2007; 4:9.
[544] Applications of Deuterium in Medicinal Chemistry. J Med Chem. 2019 Jun 13;62(11):5276-5297.
[545] The Magnitude of the Primary Kinetic Isotope Effect for Compounds of Hydrogen and Deuterium. Chem. Rev 1961, 61 (3), 265-273.
[546] Kinetic Deuterium Isotope Effects in Cytochrome P450 Reactions. Methods Enzymol. 2017; 596: 217-238.
[547] Impact of kinetic isotope effects in isotopic studies of metabolic systems. BMC Syst Biol 9, 64 (2015).
[548] On equilibrium structures of the water molecule. J Chem Phys. 2005;122:214305.
[549] Neutron-diffraction investigation of the intramolecular structure of a water molecule in the liquid-phase at high-temperatures. Mol Phys. 1991;73:79-86.
[550] Some Systemic Effects of Deuterium Depleted Water on Presenile Female Rats. Jundishapur J. Nat. Pharm. Prod. 2018;13:83494.
[551] Deuterium and its impact on living organisms. Folia Microbiol 64, 673-681 (2019).
[552] Deuterium-Depleted Water Influence on the Isotope 2H/1H Regulation in Body and Individual Adaptation. Nutrients 2019, 11(8), 1903.
[553] How Water's Properties Are Encoded in Its Molecular Structure and Energies. Chem Rev. 2017 Oct 11;117(19):12385-12414.s.
[554] Correction of metabolic processes in rats during chronic endotoxicosis using isotope (D/H) exchange reactions. Biol. Bull. 2015;42:440-448.
[555] Effect of deuterium oxide (D2O) content of drinking water on glucose metabolism on STZ-induced diabetic rats; Proceedings of the 7th International Conference Functional Foods in the Prevention and Management of Metabolic Syndrome; North Charleston, SC, USA. 4-5 December 2010; pp. 154-155.
[556] Relationship between natural concentration of heavy water isotopologs and rate of H2O2 generation by mitochondria. Bull Exp Biol Med. 2006 Nov;142(5):570-2.
[557] Submolecular regulation of cell transformation by deuterium depleting water exchange reactions in the tricarboxylic acid substrate cycle. Med Hypotheses. 2016 Feb; 87: 69-74.
[558] Changes in Secretion of the Thyroid and Pituitary Glands with a Gradual Decrease in Deuterium Body Content. Bull Exp Biol Med. 2023 Apr;174(6):797-800.
[559] Naturally occurring deuterium is essential for the normal growth rate of cellsNaturally occurring deuterium is essential for the normal growth rate of cells. FEBS Lett. 1993 Feb 8;317(1-2):1-4.
[560] Deuterium-Depleted Water in Cancer Therapy: A Systematic Review of Clinical and Experimental Trials. Nutrients. 2024 May; 16(9): 1397.
[561] Deuterium depletion can decrease the expression of C-myc Ha-ras and p53 gene in carcinogen-treated mice. In Vivo. 2000 May-Jun;14(3):437-9.)（Effects of heavy water (D2O) on human pancreatic tumor cells. Anticancer Res. 2005 Sep-Oct;25(5):3407-11.
[562] Deuterium-depleted water inhibits human lung carcinoma cell growth by apoptosis. Exp Ther Med. 2010 Mar-Apr; 1(2): 277-283.Exp Ther Med. 2010 Mar-Apr; 1(2): 277-283.Biomed Pharmacother. 2013 Jul;67(6):489-96.
[563] Premature senescence activation in DLD-1 colorectal cancer cells through adjuvant therapy to induce a miRNA profile modulating cellular death. Exp Ther Med. 2018 Aug; 16(2): 1241-1249.
[564] Deuterium Depleted Water Inhibits the Proliferation of Human MCF7 Breast Cancer Cell Lines by Inducing Cell Cycle Arrest. Nutr Cancer. 2019;71(6):1019-1029.
[565] Deuterium depletion inhibits lung cancer cell growth and migration in vitro and results in severalfold increase of median survival time of non-small cell lung cancer patients receiving conventional therapy. J Cancer Res Ther. 2021, 9(2):12-19.
[566] Deuterium-depleted water (DDW) inhibits the proliferation and migration of nasopharyngeal carcinoma cells in vitro. Biomed Pharmacother. 2013 Jul;67(6):489-96.
[567] Deuterium Depletion Inhibits Cell Proliferation, RNA and Nuclear Membrane Turnover to Enhance Survival in Pancreatic Cancer. Cancer Control. 2021 Jan-Dec; 28: 1073274821999655.
[568] A Preliminary Study Indicating Improvement in the Median Survival Time of Glioblastoma Multiforme Patients by the Application of Deuterium Depletion in Combination with Conventional Therapy. Biomedicines. 2023 Jul; 11(7): 1989.
[569] Blocking the Increase of Intracellular Deuterium Concentration Prevents the Expression of Cancer-

Related Genes, Tumor Development, and Tumor Recurrence in Cancer Patients. Cancer Control. 2022 Jan-Dec; 29: 10732748211068963.
[570] Deuterium depletion inhibits lung cancer cell growth and migration in vitro and results in severalfold increase of median survival time of non-small cell lung cancer patients receiving conventional therapy. J. Cancer Res. Ther. 9 (2), 12-19 (2021).
[571] A retrospective study of survival in breast cancer patients undergoing deuterium depletion in addition to conventional therapies. J. Cancer Res. Ther. 1 (8), 194-200 (2013).
[572] A retrospective evaluation of the effects of deuterium depleted water consumption on 4 patients with brain metastases from lung cancer. Integr Cancer Ther. 2008 Sep;7(3):172-81.
[573] Deuterium Depletion May Delay the Progression of Prostate Cancer. J. Cancer Ther. 02 (04), 548-556 (2011).
[574] Deuterium content of water increases depression susceptibility: the potential role of a serotonin-related mechanism. Behav Brain Res. 2015 Jan 15:277:237-44.
[575] Some systemic effects of deuterium depleted water on presenile female rats. Jundishapur J. Nat. Pharm. Prod. 13 (3) (2018).
[576] Anti-aging effects of deuterium depletion on Mn-induced toxicity in a C. elegans model. Toxicol Lett. 2012 Jun 20; 211(3): 319-324.
[577] Neuroprotective Effects of Deuterium-Depleted Water (DDW) Against H2O2-Induced Oxidative Stress in Differentiated PC12 Cells Through the PI3K/Akt Signaling Pathway. Neurochem Res. 2020 May;45(5):1034-1044.
[578] Deuterium-depleted water stimulates GLUT4 translocation in the presence of insulin, which leads to decreased blood glucose concentration. Mol Cell Biochem. 2021; 476(12): 4507-4516.
[579] Variation of the deuterium concentration in rats' blood after deuterium depleted wateradministration and intoxication with cadmium. Bull. Univ. Agric. Sci. Veterinary Med. Cluj-Napoca. Veterinary Med. 65 (1), 418-423 (2008).
[580] Deuterium depleted water behavior in chromium (VI) intoxicated female rats. Banat's J. Biotechnol. 1 (1), 72-75 (2010).
[581] Anti-aging effects of deuterium depletion on Mn-induced toxicity in a C. elegans model. Toxicol Lett. 2012 Jun 20; 211(3): 319-324.
[582] Influence of deuterium-depleted water on hepatorenal toxicity. Jundishapur J. Nat. Pharm. Prod. 13 (2). (2018).
[583] Deuterium and its impact on living organisms。 Folia Microbiol (Praha). 2019 Sep;64(5):673-681.
[584] Deuterium-Depleted Water Influence on the Isotope 2H/1H Regulation in Body and Individual Adaptation. Nutrients. 2019 Aug; 11(8): 1903.
[585] Data on stable isotopic composition of δ 18O and δ 2H in precipitation in the Vara_din area, NW Croatia. Data Brief. 2020 Dec; 33: 106573.
[586] Isotopic 'Altitude' and 'Continental' Effects in Modern Precipitation across the Adriatic-Pannonian Region. Water 2020, 12, 1797.
[587] Vertical distribution of deuterium in atmospheric water vapour . Tellus (1982),34, 135-141.
[588] Content of deuterium in biological fluids and organs: Influence of deuterium depleted water on D/H gradient and the process of adaptation. Dokl. Biochem. Biophys. 2015;465:370-373.
[589] Deuterium Depleted Water Effects on Survival of Lung Cancer Patients and Expression of Kras, Bcl2, and Myc Genes in Mouse Lung. Nutr Cancer. 2013 Feb; 65(2): 240-246.
[590] Effect of deuterium-depleted water on selected cardiometabolic parameters in fructose-treated rats. Physiol Res. 2016 Oct 24;65(Suppl 3):S401-S407.
[591] Synergistic effects of deuterium depleted water and Mentha longifolia L. essential oils on sepsis-induced liver injuries through regulation of cyclooxygenase-2. Pharm Biol. 2019; 57(1): 125-132.
[592] Kinetic Hydrogen/Deuterium Isotope Effects in Multiple Proton Transfer Reactions. Z. Phys. Chem. 218 (2004) 17-49.
[593] Submolecular regulation of cell transformation by deuterium depleting water exchange reactions in the tricarboxylic acid substrate cycle. Med Hypotheses. 2016 Feb; 87: 69-74.

[イラスト]　ホリスティックライブラリー編集室
[装　　丁]　ホリスティックライブラリーデザイン室

水と命のダンス　生命の根源に迫る水の驚異的メカニズム

2025年2月8日　初版第1刷発行

著　　者　崎谷博征

発 行 人　須賀敦子
編 集 人　福田清峰

発　　行　ホリスティックライブラリー出版
https://hl-book.co.jp/
〒810-0041
福岡県福岡市中央区大名1-2-11 プロテクトスリービル3F
TEL：092-762-5335（代表）　FAX：092-791-5008

発　　売　サンクチュアリ出版
https://www.sanctuarybooks.jp/
〒113-0023
東京都文京区向丘2-14-9
TEL：03-5834-2507　FAX：03-5834-2508

印刷･製本　シナノ印刷株式会社

定価はカバーに表示してあります。
落丁・乱丁は発行元編集部までお送りください。
送料発行元負担にてお取り替えいたします。

ISBN978-4-8014-8205-0